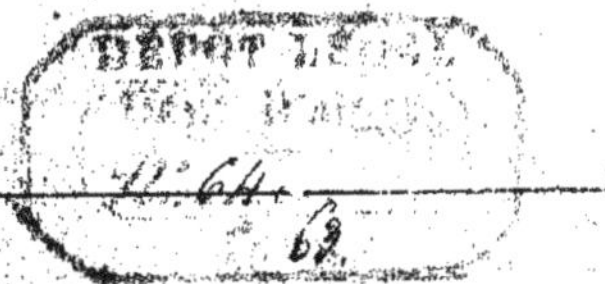

LA MUSIQUE ARABE

SES RAPPORTS

AVEC LA MUSIQUE GRECQUE ET LE CHANT GRÉGORIEN

PAR

Fco SALVADOR DANIEL

Historia, quoquo modo scripta, placet.

ALGER
BASTIDE, LIBRAIRE-ÉDITEUR.

PARIS
CHALLAMEL AINÉ, LIBRAIRE
30 rue des Boulangers.

CONSTANTINE
ALESSI ET ARNOLET, LIBRAIRES
Rue du Palais.

1863

EN VENTE CHEZ LES MÊMES LIBRAIRES.

OUVRAGES DE M. A. BERBRUGGER.

LES COLONNES D'HERCULE,

EXCURSIONS A TANGER, GIBRALTAR, ETC.

Un vol. in-18.................................... 1 fr.

LES PUITS ARTÉSIENS DES OASIS MÉRIDIONALES.

2e édition. Un vol. in-18........................... 2 fr.

ÉPOQUES MILITAIRES DE LA GRANDE KABILIE

Un vol. in-18, avec une carte. Alger, 1857........... 2 fr.

GÉRONIMO,

OU LE MARTYR DU FORT DES VINGT-QUATRE HEURES, A ALGER.

Un volume in-18 illustré.............................. 75 c.

ICOSIUM,

NOTICE SUR LES ANTIQUITÉS ROMAINES D'ALGER.

Un vol. grand in-8°, orné de planches. Alger, 1845.... 3 fr.

LE PÉGNON D'ALGER

OU LES ORIGINES DU GOUVERNEMENT TURC EN ALGÉRIE.

Un vol. in-8°..................................... 2 fr.

LIVRET EXPLICATIF

DES COLLECTIONS DE LA BIBLIOTHÈQUE ET DU MUSÉE D'ALGER.

Un vol. in-18..................................... 2 fr.

SOUS PRESSE :

LA CASBA ET LA DJÉNINA,

Suite au *Pégnon d'Alger,* un vol. in-8°.

LA

MUSIQUE ARABE.

LA

MUSIQUE ARABE

SES RAPPORTS

AVEC LA MUSIQUE GRECQUE ET LE CHANT GRÉGORIEN

PAR

F^co SALVADOR DANIEL.

Historia, quoquo modo scripta, placet.

ALGER
BASTIDE, LIBRAIRE-ÉDITEUR.

PARIS	CONSTANTINE
CHALLAMEL AINÉ, LIBRAIRE	ALESSI ET ARNOLET, LIBRAIRES
30 rue des Boulangers.	Rue du Palais.

1863

A SON EXCELLENCE

MONSIEUR LE MARÉCHAL COMTE RANDON

MINISTRE DE LA GUERRE.

MONSIEUR LE MARÉCHAL,

Le travail que je publie aujourd'hui a été commencé lorsque vous présidiez aux destinées de l'Algérie. Il a paru d'abord dans la *Revue Africaine*, journal des travaux de la *Société historique Algérienne*, fondée sous les auspices de V. Exc. par les soins de M. Berbrugger qui la dirige depuis sa création.

C'est à la haute protection dont vous avez bien voulu m'honorer que j'ai dû de pouvoir entreprendre et poursuivre cette étude de la musique indigène; je lui dois aussi la position que j'occupe en Algérie.

V. Exc. est du petit nombre des personnes envers lesquelles la reconnaissance est facile et douce; je voudrais vous témoigner la mienne par une œuvre plus importante. Aussi, serai-je d'autant plus heureux et fier, si, bien que ce travail soit fort humble, vous daignez l'accepter, Monsieur le Maréchal, comme témoignage de ma respectueuse gratitude.

Fco SALVADOR DANIEL.

Alger, Juin 1863.

Cette Étude de la Musique Arabe a paru dans la *Revue Africaine*, années 1862-1863, livraisons 31 à 39.

Voir à la fin du volume le Catalogue des chants arabes transcrits par M. SALVADOR DANIEL pour chant et piano, et les arrangements pour chœur, orchestre, etc.

LA MUSIQUE ARABE.

SES RAPPORTS AVEC LA MUSIQUE GRECQUE ET LE CHANT GRÉGORIEN.

Historia, quoquo modo scripta, placet

AVANT-PROPOS.

I.

Habitant l'Algérie depuis l'année 1853, artiste par le fait, puisqu'on est convenu à peu près d'appeler ainsi ceux qui vivent du produit d'un art, j'ai cru pouvoir employer mes loisirs d'une manière utile peut-être, mais certainement intéressante pour un musicien, en étudiant la musique des Arabes.

Dès l'abord, je n'y reconnus, comme tout le monde, qu'un affreux charivari dénué de mélodie et de mesure. Pourtant, par l'habitude ou, si l'on aime mieux, par une sorte d'éducation de l'oreille, il vint un jour où je distinguai quelque chose qui ressemblait à un air. J'essayai de le noter, mais je n'y pus réussir; la tonalité et la mesure m'échappaient toujours. Je percevais bien des séries de tons et de demi-tons, mais il m'était impossible de leur assigner un point de départ, une tonique. D'un autre côté, si je portais mon attention sur les tambours qui forment le seul accompagnement de la musique des Arabes, là encore je distinguais bien une sorte de rhythme, mais ce rhythme ne me paraissait avoir aucun rapport avec celui de l'air qu'on jouait.

Cependant, là où je n'entendais que du bruit, les Arabes trouvaient une mélodie agréable, à laquelle ils mêlaient souvent leurs voix; là où je ne distinguais pas de mesure, la danse me forçait à en admettre une.

Il y avait dans cette différence de sensations un problème intéressant; j'essayai de l'approfondir.

Pour cela, je me liai avec les musiciens indigènes, j'étudiai avec eux, afin d'arriver à me rendre compte d'une sensation que d'autres éprouvaient et qui ne me touchait en rien.

A présent, c'est avec passion que je fais de la musique avec les Arabes. Ce n'est plus le plaisir de la difficulté vaincue que je cherche ; je veux prendre ma part des jouissances que la musique des Arabes procure à ceux qui la comprennent.

C'est qu'en effet, pour juger la musique des Arabes, il faut la comprendre ; de même que pour estimer à leur valeur les beautés d'une langue, il faut la posséder.

Or, la musique des Arabes est une musique à part, reposant sur des lois toutes différentes de celles qui régissent notre système musical ; il faut s'habituer à leurs gammes ou plutôt à leurs modes, et cela en laissant de côté toutes nos idées de tonalité.

Nous n'avons, à proprement parler, que deux gammes, puisque la série des demi-tons est identique dans chacun des deux modes, majeur et mineur, qui diffèrent entre eux par le nombre et la position des demi-tons.

Les Arabes ont quatorze modes ou gammes, dans lesquels cette position des demi-tons varie de manière à former quatorze modalités différentes.

Le classement des sons est fait par tons et demi-tons comme chez nous. Jamais, je n'ai pu distinguer dans leur musique ces intervalles de tiers et de quart de ton que d'autres ont prétendu y trouver.

Tous les musiciens jouent à l'unisson, et il n'y a d'autre harmonie que celle des tambours de différentes grosseurs, que j'appelle *harmonie rhythmique*.

On pensera, sans doute, qu'avec une aussi grande simplicité de moyens — une mélodie accompagnée de tambours — il ne doit pas être difficile de comprendre cette musique. Un fait expliquera comment il y a là des difficultés sérieuses : les Arabes n'écrivent pas leur musique ; ils n'ont plus aucune espèce de théorie, plus rien qui puisse faciliter les recherches. Tous chantent ou jouent de routine, sans savoir le plus souvent dans quel mode est l'air qu'ils exécutent (1).

(1) « La mémoire était le seul moyen de conservation des œuvres musicales. Aussi, tout le passé de cet art est perdu en Orient. Il ne reste rien des compositions anciennes. Combien d'entre elles n'ont vécu que

Cette théorie perdue, j'ai cherché à la reconstruire. Pour cela, j'ai dû réunir un nombre considérable de chansons, *toujours écrites à l'audition*. J'ai puisé dans ces chansons l'explication des quelques règles que j'avais pu recueillir par hasard auprès des différents musiciens que j'ai fréquentés. J'ai parcouru les trois provinces de l'Algérie, tant sur le littoral que dans l'intérieur ; j'ai visité Tunis, qui est pour l'Afrique, au point de vue musical, ce que l'Italie est pour l'Europe ; de Tunis, j'ai été à Alexandrie, puis en Espagne, où j'ai trouvé encore dans les chansons populaires les traces de la civilisation Arabe. Enfin, possesseur d'environ 400 chansons, je suis rentré à Alger, où j'ai essayé de coordonner les notes recueillies un peu partout, et de reprendre, sur des bases positives, cette étude de la musique arabe.

Cette étude, qui n'avait pour moi, à l'origine, qu'un but de curiosité, de plaisir satisfait, m'en fit entrevoir par la suite un autre plus élevé.

Comparant la musique arabe avec le plain-chant, je me demandai si ce ne serait pas une hypothèse téméraire de supposer que cette musique arabe actuelle était la même que celle qui a régné jusqu'au treizième siècle, et si, par conséquent, avec les renseignements que nous donne l'étude de cette musique vivante encore en Afrique et prise sur le fait, on ne pourrait pas reconstituer la musique des premiers siècles de l'Ère chrétienne, et combler ainsi, avec l'étude du présent, une lacune dans le passé de notre histoire musicale.

En effet, que savons-nous de l'état de la musique antérieurement au 13me siècle ? Rien ou presque rien. Il y a là

---

la vie de leurs compositeurs ! On sait seulement sur quel ton, sur quelle mesure, en quel mode était telle composition ; les livres n'ont pu conserver que ce souvenir, même des meilleures et des plus célèbres compositions musicales. Aujourd'hui, nul Arabe, nul savant Arabe ne comprend ce que veulent signifier les anciennes désignations générales des rhythmes, et même les termes les plus fréquemment répétés dans ce qui reste des traités de musique. Je n'ai pu découvrir un seul musulman qui sût ce qu'a voulu indiquer, par les termes musicaux qu'il cite, le grand romancero ou l'Arâni, lorsqu'il spécifie les genres de compositions musicales qu'il nomme si fréquemment dans ses pages.... (Dr Perron — *Femmes Arabes depuis l'islamisme.* Ch. XX) une lacune considérable ; et, si ma supposition de tout-à-l'heure est justifiée, cette lacune peut être comblée.

En outre, remonter ainsi dans le passé aurait cet avantage de nous placer dans le vrai milieu où il faut être pour apprécier une musique qui, pour nous, est en retard de six ou sept siècles.

Je chercherai donc à démontrer que le présent, par rapport aux Arabes, correspond à ce que serait pour nous la musique antérieure au treizième siècle, et que la musique arabe actuelle n'est rien autre chose que le chant des Trouvères et des Ménestrels. Aussi, me faut-il, dès le début, prémunir le lecteur contre la tendance générale chez l'homme de tout rapporter au présent.

En effet, qu'une chose s'éloigne, si peu que ce soit, de ce qu'on connait, de ce qu'on a accepté, et aussitôt la foule des honnêtes gens va crier contre le novateur téméraire qui souvent n'apporte en fait de nouveauté qu'une chose vieille de plusieurs siècles et abandonnée pour des raisons inconnues. Et cependant combien de bonnes choses ainsi oubliées ont été remises un jour en lumière et ont contribué au développement des connaissances humaines !

D'un autre côté, il arrive souvent aussi qu'en remontant un peu dans l'antiquité on n'a plus la notion exacte des changements plus ou moins importants qui ont eu lieu à une certaine époque ; cependant, on en fait grand bruit, sur la foi de ceux qui en ont parlé, sans pour cela se rendre bien compte de leur nature.

Je m'explique par un fait pris dans l'histoire de la musique.

On connait Gui d'Arezzo comme étant l'inventeur des noms des notes pour lesquels il prit la première syllabe de chacun des vers de l'hymne de St-Jean.

Or, antérieurement à Gui d'Arezzo les lettres arabes étaient usitées pour nommer les sons. Le changement des noms ne peut pas constituer une invention sérieuse ; et si Gui d'Arezzo n'avait fait que, cela il n'eût certainement pas joui de la réputation qui l'a immortalisé. On reconnaitra sans peine que, basée sur un pareil fait, cette réputation ne serait rien moins qu'usurpée, attendu que nommer *la* ce qui s'appelait *alif*, *si* ce qui s'appelait *ba* ou *bim*, et ainsi de suite pour les autres sons, cela, dis-je, ne peut pas constituer une invention.

Qu'a donc fait Gui d'Arezzo ?

Il a posé les bases de la musique telle qne nous l'entendons maintenant, de cette musiqne bien différente de celle qu'on faisait autrefois, puisqu'elle réunit la mélodie et l'harmonie ; de cette musique enfin que Victor Hugo appelle avec raison *la lune de l'art*.

II.

Se figure-t-on l'effet que produirait aujourd'hui une des chansons organisées en harmonie par les musiciens contemporains de Gui d'Arezzo ou de Jean de Murris ; ou encore l'impression que ferait notre musique actuelle sur ces mêmes musiciens, si nous les supposons assistant à une représentation de *Robert-le-Diable* ou de *Guillaume-Tell ?*

Evidemment le résultat serait le même dans les deux cas.

Le beau n'est-il donc que pure convention ? Comment ce qui était beau au treizième siècle nous paraîtra-t-il si mauvais au dix-neuvième ; tandis que notre musique produira le même effet sur ceux même à qui on en attribue les plus grands progrès ?

Deux mots résoudront cette question : L'HABITUDE D'ENTENDRE.

C'est en vertu d'une habitude, prise en quelque sorte à notre insu, que nous admirons aujourd'hui des œuvres musicales que nous rejetions hier. En musique, l'habitude d'entendre a force de loi, et en vertu de cette loi l'exception de la veille devient souvent la règle du lendemain (1).

Ce qu'on recherche surtout dans la musique, c'est la variété ; la variété implique la nouveauté, c'est-à-dire le progrès. Or, tout progrès suppose dans un art un progrès égal dans le sens qui en est frappé et par conséquent une extension du cercle habituel des connaissances acquises et des sensations éprouvées.

Faites passer Jean de Murris et ses contemporains par la série des progrès qui ont signalé la marche de la musique, et

---

(1) Il est bien entendu que je ne parle ici que des formules mélodiques nouvelles, dont l'originalité peut frapper tout d'abord, mais qui ont besoin d'être connues déjà pour qu'on puisse en apprécier le charme, ou bien des marches harmoniques qu'un compositeur emploie souvent bien avant que la loi qui les régit soit formulée. Hors ces deux cas exceptionnels, il ne pourrait y avoir qu'anarchie et par conséquent charivari.

ils comprendront les beautés mélodiques et harmoniques de nos opéras.

Agissons en sens inverse : reportons-nous avec eux à ce *Discant*, qui résumait la science harmonique de leur époque ; oublions nos habitudes acquises, et nous jouirons avec eux de cette harmonie improvisée qui n'est que l'enfance de l'art.

Appliquons ce procédé à la musique ancienne et voyons les résultats.

Ce même Jean de Murris qui, dans son *Speculum musicæ*, posait les lois de la révolution musicale, dont Gui d'Arezzo avait été le premier apôtre, ce Jean de Murris qui protestait déjà contre les innovations de ses contemporains (*Sic enim concordiæ confunduntur cum discordiis, ut nullatenus una distinguatur ab âlia*). n'eût-il pas souri de pitié en entendant l'unisson du Chant Grégorien ?

Et St-Grégoire n'eût-il pas été bien avisé s'il eût dit à cet orgueilleux chanoine : Vous faites marcher ensemble plusieurs mélodies, je le crois, mais dans toutes ces mélodies vous n'avez qu'une gamme, tandis que nous en avions huit, et nous les employions selon que nous voulions produire des effets différents.

Si un philosophe grec eût pu entendre cette réponse, il eût parlé à son tour des quatorze modes de son système, des trois genres diatonique, chromatique et enharmonique, et de toutes ces choses oubliées de nos jours, mais qui faisaient alors la beauté, la variété de la musique.

Pour nous, comment pourrions-nous juger les effets de cette musique ? Les renseignements que nous en avons sont obscurs et incomplets, et, en admettant comme exacte la traduction que Meybomius, Burette, etc... nous ont donnée de quelques-unes de leurs chansons, nous en avons la lettre, mais non l'esprit.

Cette théorie perdue de la musique des Anciens, les effets extraordinaires obtenus par cette musique, j'ai cru les retrouver dans la musique des Arabes, et j'ai dû forcément, dès lors, étendre le cadre d'abord si restreint de mon sujet.

Je devais, autant que cela était en mon pouvoir, suivre partout les traces de la civilisation mauresque ; dans ce sens, aucun pays plus que l'Espagne ne pouvait m'offrir, en dehors de l'Afrique, que j'avais déjà parcourue en grande partie, les vestiges de ce qu'était la musique des premiers siècles de notre ère.

L'Espagne a encore aujourd'hui cet avantage de réunir, vivante dans son présent, l'histoire de son magnifique passé.

Ecoutez ce bruit qu'on entend dans les quartiers populaires de Madrid.

Deux enfants parcourent les rues en chantant ; leurs voix alternent avec les batteries du tambour. Ils chantent un cantique de Noel, un *Villancico,* empreint de ce caractère triste et passionné tout à la fois, qui est le propre des chants primitifs.

Est-ce là le chant que les Rois Mages faisaient entendre lorsqu'ils allaient adorer le divin berceau ?

Et pourquoi non ! N'avons-nous pas dans la liturgie Romaine des chants du même genre et qui doivent avoir la même origine ?

Ces chants que l'Espagne a pu conserver, grâce peut-être à la domination des Arabes, n'ont-ils pas un caractère bien distinct de ceux de notre musique actuelle, et qui semble exclure toute idée d'harmonie ?

Mélopée pour la chanson.

Rhythmopée pour le tambour.

Cependant, si on examine ces chansons au point de vue de nos connaissances actuelles, on admire sans doute leur simplicité, mais on les trouve trop simples pour qu'elles puissent nous offrir des ressources de quelque utilité !

Si, au contraire, on les examine en se reportant à l'époque où on les considérait comme le résultat complet des connaissances musicales généralement acceptées, on se demande si c'était bien là la musique qui charmait nos pères, et si vraiment les Alfarabbi, les Zaidan, les Rabbi-Enoc et tant d'autres grands musiciens qui illustrèrent le règne des Califes, suivaient bien la tradition que les St-Augustin, les St-Ambroise, les St-Isidore de Séville avaient conservée de la mélopée grecque et romaine.

La distance qui sépare cette musique de la nôtre est si grande, les bases qui régissent les deux systèmes sont si différentes, qu'ils semblent n'avoir jamais eu aucun lien qui les rattache — et la musique populaire reste ensevelie dans le chaos du passé, tandis que l'harmonie nous entraine dans le tourbillon des jouissances auxquelles elle nous a habitués.

Qu'était donc la musique avant Gui d'Arezzo ? — Mélodie.

Qu'a-t-elle été depuis ? — Harmonie.

Gui d'Arezzo n'a pas inventé, ou plutôt changé, les noms des sons, mais il a réduit à une seule gamme toutes celles qui existaient auparavant, en basant les rapports des sons sur la loi des résonnances harmoniques.

III.

On comprendra comment il est très difficile d'apprécier le caractère des anciennes chansons faites, pour la plupart, des gammes abandonnées depuis la découverte de l'harmonie.

Rechercher ces gammes et le caractère particulier à chacune d'elles, tel était le premier objet de mon travail ; le second consistait à établir le moment de l'éclosion du principe harmonique et de la séparation des deux systèmes.

Je n'ai pu qu'effleurer cette question, les matériaux et les moyens de contrôle me manquant la plupart du temps ; mais je crois avoir assez frayé la route à suivre pour que d'autres, placés dans de meilleures conditions, reprennent ce travail, de manière à indiquer la marche suivie dans l'abandon des différentes gammes avant d'arriver à l'emploi d'une seule.

En terminant, je constate les effets merveilleux obtenus par les Arabes avec leur musique, effets qui ne sont pas sans analogie avec ceux que les Anciens attribuaient à la leur.

Quant aux conséquences à tirer de cette étude de la musique des Arabes, elles me paraissent si diverses que je me bornerai à insister de préférence sur celle qui ressort du fond même de mon sujet.

On a beaucoup écrit sur la musique des Arabes, mais presque toujours les jugements qu'on a portés venaient de personnes peu musiciennes, et dont l'opinion n'était basée que sur un nombre restreint d'auditions. Dans de semblables conditions, il était presque impossible de ne pas se tromper.

Si l'opinion que j'émets, à mon tour, doit avoir quelque valeur, ce n'est pas parce que je suis musicien comme on l'entend en Europe, mais bien parce que, mêlé aux musiciens arabes, je prends part à leurs concerts, je joue avec eux leurs chansons, et, qu'enfin, par suite d'une habitude acquise après plusieurs années de travail, je suis arrivé à comprendre leur musique.

CHAPITRE Ier.

Les Arabes ont emprunté aux Grecs leur système musical. — Définitions de la musique chez les Anciens. — Musique théorique ou spéculative; science des nombres. — Querelle des Pythagoriciens et des Arystoxéniens. — Les Juifs participent aux progrès de l'art musical chez tous les peuples de l'antiquité. — Musique pratique.

I.

Bien que n'ayant pas l'intention de faire l'histoire de la musique des Arabes, je suis forcé, par l'étude même de ce sujet, de rechercher au moins les rapports de leur système musical avec celui des peuples au contact desquels il a pu se modifier pour arriver au point où il se trouve maintenant.

Ces rapports, nous les rencontrons d'abord dans les instruments les plus usités : la *Kouitra*, dite vulgairement guitare de Tunis, dont la forme autant que le nom rappellent la *Kithara* des Grecs ; le *Gosbah* ou *Djaouak*, instrument populaire par excellence et qui, dans les mains d'un Arabe, rappelle le joueur de flûte antique, tant par la forme de l'instrument dont l'orifice sert d'embouchure, que par la position et le costume de celui qui en joue.

Ces premiers indices permettent de croire que si les Arabes connaissaient déjà la musique à l'époque où l'Egypte était le berceau des sciences et des arts, leur système musical dut se développer plus particulièrement lorsque la domination Romaine leur apporta, avec la civilisation, la musique grecque, qui résumait alors toutes les connaissances acquises.

Mais avec la décadence de l'Empire disparut la civilisation ; et tandis qu'en Occident les sciences et les arts trouvaient un refuge dans les cloîtres, Mahomet en défendit l'étude en Orient sous les peines les plus sévères.

Les Arabes suivirent religieusement les préceptes du législateur jusqu'au règne du Calife Ali, qui autorisa l'étude des sciences et, avec elles, la musique et la poésie. Ses successeurs encouragèrent encore davantage le culte de la littérature, et bientôt les Arabes, maîtres d'une grande partie de la Grèce, se soumirent, comme avant eux les Romains, à la loi des vaincus, pour l'étude des sciences et des arts. Ils traduisirent les ouvrages les plus célèbres des Grecs et parmi eux ceux qui traitaient de la musique (1).

II.

Les Arabes, comme les Grecs, attachaient-ils au mot musique le sens que nous lui donnons ?

Il nous suffira de rappeler les différentes définitions données à cette science par les anciens auteurs, pour faire comprendre le caractère de la révolution musicale accomplie par la secte des Arystoxéniens, révolution qui eut pour résultat d'isoler la musique pratique et d'en faire une science spéciale pour laquelle l'oreille était reconnue comme le seul juge apte à déterminer les rapports des sons.

Dans un dialogue entre Alcibiade et Socrate, nous trouvons le passage suivant :

Soc. — Quel est l'art qui réunit au jeu des instruments le chant et la danse?

Alc. — Je ne saurais le dire.

Soc. — Réfléchis à ce sujet.

Alc. — Quelles sont les divinités qui président à cet art? Les Muses ?

Soc. — Précisément ; maintenant, examine quel nom peut convenir à l'art auquel elles concourent toutes.

Alc. — Celui de musique.

Soc. — C'est cela même.

Hermès définit la musique : *la connaissance de l'ordre des choses de la nature.*

Pythagore enseigne que *tout dans l'univers est musique.*

Platon la désigne comme le *principe général des sciences humaines*, et il ne craint pas d'ajouter qu'on ne peut faire de changement dans la musique qui n'en soit un dans la constitution de l'État. Les Dieux, ajoute-t-il, l'ont donnée aux hommes, non seulement pour le plaisir de l'ouïe, mais encore pour *établir l'harmonie des facultés de l'âme.*

---

(1) La base du système de composition et de chant est la base du système Grec, et plusieurs des termes techniques grecs sont même conservés en transcription arabe. (Dr Perron. — *Femmes Arabes depuis l'Islamisme*)

Toutes ces définitions, et d'autres encore que nous omettons, démontrent assez que les Anciens attachaient au mot musique un sens bien plus étendu que celui qu'il a conservé parmi nous.

C'était l'art auquel concouraient toutes les muses ; c'était le principe d'où l'on pouvait déduire les rapports qui unissaient toutes les sciences. La musique étant le résultat de l'ordre et de la régularité dans le bruit et le mouvement, devait être étudiée comme principe générateur des diverses sciences, pour amener à la connaissance de l'harmonie des choses de la nature, où tout est mouvement et bruit.

Les deux mots musique et harmonie exprimaient donc une seule et même chose, C'était la musique purement théorique, la musique spéculative, donnant la raison numérique des distances et la connaissance du rapport des sons entre-eux. Le principe de la résonnance des corps sonores développait l'arithmétique et la géométrie et était appliqué ensuite à l'astronomie.

Ainsi s'explique la définition générale de *science des nombres* donnée à la musique (1).

Lorsque Platon écrivait sur son portique : *Loin d'ici celui qui ignore l'harmonie,* il n'entendait certainement pas parler de l'ordre successif des sons produits par des voix ou par des instruments, mais bien des rapports physiques et mathématiques de ces sons entre-eux.

Ces rapports appartenaient au domaine de la physique ou plutôt de l'acoustique, et non à celui de la musique dans le sens que nous attachons à ce mot.

Nous retrouverons la musique avec la même signification, alliée à l'arithmétique, à la géométrie et à l'astronomie, dans les arts libéraux qui, sous la dénomination de *Quadrivium* for-

---

(1) Est-il nécessaire de rappeler ici l'anedocte si connue des marteaux de Pythagore ?

Ce philosophe, parlant de l'unité, la définit : *le principe de toute vérité* ; le nombre deux est appelé *égal* ; le nombre trois *excellent*, parce que tout se divise par ce nombre et que sa puissance s'étend sur l'harmonie universelle ; le nombre quatre a les mêmes propriétés que le nombre *deux ;* le nombre cinq réunit ce qui était séparé ; il appelle *harmonie* le nombre six, auquel déjà avant lui on avait donné la qualification de MONDE : *Quia mundus at etiam senarius ex contrariis sæpe visus constitisse secundum harmoniam.*

maient une des branches principales de l'enseignement dans les universités fondées à dater du IXme siècle.

Telle était la musique spéculative qui amena chez les Anciens le système des tétracordes appliqué à la musique pratique.

C'était le système de Pythagore.

En regard du physicien, du théoricien, il faut placer Arystoxène, le musicien dans le sens moderne, qui le premier sépara la science de l'art, sut établir la différence de la théorie et de la pratique, et opéra dans la musique des anciens une révolution durable.

Examinons rapidement les faits essentiels qui avaient préparé cette révolution.

L'histoire nous montre à l'origine de tous les peuples le musicien, le poète, le chanteur et le législateur réunis dans une seule personne :

Orphée, Amphion, Simonides et tant d'autres dictent leurs lois en musique, et nous savons par la Bible que les mêmes faits se produisirent chez les Hébreux.

Bossuet, dans son Discours sur l'Histoire universelle, dit que les lois étaient des chansons.

Qu'étaient ces chansons sinon la musique avec le sens que nous attachons à ce mot, la musique pratique, contre les envahissements de laquelle Platon proteste déjà, lors de son importation en Grèce par les Juifs.

C'est en vain que Pythagore a formulé un système rigoureux; c'est en vain que les lois s'opposent à ce qu'il y soit fait un changement. La division éclate entre ceux qui voulaient s'en rapporter à la précision du calcul et la masse bien plus considérable de ceux qui, avec Arystoxène, admettaient uniquement le jugement de l'oreille et n'exigeaient pas des sens humains une perfectibilité impossible à obtenir.

La scission devient bientôt un fait accompli.

La musique pratique aura bien encore recours à la théorie pour développer ses moyens d'action, mais cette théorie aura pour arbitre suprême l'oreille, reconnue désormais comme juge en dernier ressort de ce qu'il faudra accepter ou de ce qu'il faudra rejeter.

A chacune sa route.

La théorie restant la science des nombres, la pratique sera appelée à éveiller des sensations endormies ou à en faire naître de nouvelles dans le cœur de ses auditeurs.

Avec la première, s'accompliront les découvertes scientifiques qui appartiennent à l'harmonie universelle ; la seconde deviendra la langue divine du chant et de la mélodie.

III.

Notons dès à présent, comme un fait digne d'une sérieuse attention, la participation constante du peuple Juif aux progrès de l'art musical chez tous les peuples de l'antiquité et jusque dans les premiers siècles du christianisme.

Les Juifs, comme les Grecs, avaient puisé à la même source ; et bien que l'auteur de la Genèse désigne Jubal fils de Lamech comme inventeur de la musique — *Jubal fuit pater canentium citharâ et organo* — tandis que les païens citent Mercure et Apollon, nous devons rappeler que Moïse, le législateur hébreu, avait été élevé en Egypte, là même où Pythagore avait étudié. D'ailleurs, les rapports établis entre les Juifs et les Egyptiens, pendant la longue captivité des premiers, avaient dû amener dans les arts comme dans les sciences, et malgré les différences de religion, les mêmes effets d'assimilation constatés plus tard entre les Grecs et les Romains, entre les Juifs et les Chrétiens, entre les Arabes et les Espagnols.

Le principe musical, développé dans le sens purement pratique, fut étendu chez toutes les nations, lors de la dispersion du peuple Juif. A l'époque de Platon, un célèbre musicien juif, Timothée de Milet, fut d'abord sifflé, puis applaudi avec enthousiasme ; à Rome, les musiciens juifs étaient placés au premier rang ; c'est aux juifs qu'on emprunta plus tard les notes rabiniques qu'on retrouve dans les anciens recueils de plain-chant, enfin en Espagne, pendant la domination arabe, on cite des Juifs parmi les plus habiles musiciens.

Tout cela est corroboré par la réputation musicale dont jouissent encore les Juifs d'Afrique ; et il nous faut bien tenir compte de cet élément qui nous offrira, pour l'objet spécial de cette étude, de fréquentes occasions de rapprochements à établir soit pour les instruments, soit pour l'effet purement musical.

IV.

Je me suis étendu trop longuement peut-être sur cette première révolution musicale qu'on a appelée la querelle des Pythagoriciens et des Arystoxéniens. Cependant, j'ai cru nécessaire de m'arrêter sur ce point, afin de n'avoir plus à examiner, dès à présent, que la partie purement pratique de la musique.

Il serait facile de constater un rapprochement entre les Pythagoriciens et quelques rares lettrés de nos jours, qui passent leur vie, comme les anciens philosophes, à étudier la musique spéculative. Pour eux, la musique est encore la science des nombres et ils y étudient l'ordre et l'agencement des choses de la nature.

Bornons-nous à signaler ce fait et revenons à ceux qui, dans une position plus humble, mais plus disposés à accepter les hommages du vulgaire, ne connaissent que la partie purement pratique de la musique, les poètes, les chanteurs, derniers successeurs des Rapsodes et des Troubadours.

Ceux-là ne trouvent dans la musique autre chose qu'une distraction ou une jouissance, un mélange heureux de chant et de poésie, un art et non une science. Fidèles disciples d'Arystoxènes, ils ne connaissent d'autre juge que l'oreille, et ne demandent à la musique que d'exprimer les sentiments tout humains qui les agitent.

Un hymne à la divinité, une plainte amoureuse, une chanson guerrière, voilà les expressions les plus ordinaires qu'ils en attendent ; et, sans se préoccuper des lois de l'acoustique qu'ils ne connaissent pas, ils chantent en s'accompagnant de leurs instruments, et réunissent autour d'eux un nombreux auditoire toujours charmé de les entendre.

CHAPITRE II.

Pourquoi les Européens n'apprécient pas les beautés de la musique Arabe. — Les variantes, la *Glose*. — La musique du Bey de Tunis. — Il faut une certaine habitude, une espèce d'éducation de l'oreille pour comprendre la musique arabe. — Les Arabes ne connaissent pas l'harmonie. — Composition ordinaire d'un concert arabe. *Nouba*. — *Bécheraf*. — Caractère de la mélodie arabe. — Les Arabes ne connaissent ni les tiers ni les quarts de ton. — Variété dans les terminaisons.

I.

Écoutez un musicien arabe, la première impression sera toujours défavorable. Cependant, on citera tel chanteur comme ayant beaucoup plus de mérite que tel autre ; les Arabes accourent en foule pour entendre dans une fête un habile musicien, alors même qu'il est Israélite (1); vous irez, sur le bruit de sa renommée, dans l'espoir d'entendre une musique agréable, et votre goût européen ne fera aucune différence entre le chant de l'artiste indigène et celui d'un Mozabite du bain maure. Peut-être même ce dernier aura-t-il non pas précisément le don de vous plaire, mais au moins le talent de vous être moins désagréable.

D'où vient donc cette différence de sensation?

C'est qu'en premier lieu le principal mérite du chanteur consiste dans les variantes improvisées dont il orne la mélodie; et qu'en outre il sera accompagné par des instruments à percussion produisant à eux seuls ce que j'appelle une *harmonie rhythmique* dans laquelle les combinaisons étranges, les *divisions discordantes*, semblent amenées à dessein en opposition avec la mélodie.

C'est là une des parties les plus intéressantes et les plus difficiles à saisir dans cette musique, et ce qui a fait dire à tant d'écrivains que les Arabes n'avaient pas le sentiment de la mesure. Et, cependant, c'est le point essentiel de leur musique.

Le chanteur se passera volontiers d'un instrument chantant — violon ou guitare — mais il exige l'instrument à percussion frappant la mesure. A son défaut, il s'en créera un. Ses pieds marqueront les temps forts sur le plancher, tandis que ses mains exécuteront toutes les divisions rhythmiques possibles sur un morceau de bois. Il lui faut son accompagnement rhythmique, sa vraie, sa seule harmonie.

Il sera possible dès-lors à l'Européen, dédaignant cet accompagnement en sourdine, de distinguer une phrase mélodique souvent tendre ou plaintive comme accent, parfaitement rhythmée en elle-même, et susceptible d'être écrite avec notre gamme et accompagnée par notre harmonie, surtout si le chanteur a choisi une de ces mélodies populaires dont l'étendue ne dépasse pas quatre ou cinq notes. Mais encore faudra-t-il tenir compte des variantes, puisque la beauté de l'exécution consiste dans les enjolivements improvisés par chaque musicien sur un thème donné.

---

(1) On sait le profond mépris que les Arabes professent pour les Juifs; cependant le musicien le plus recherché pour les fêtes est un juif d'Alger nommé *Youssef Eni-Bel-Kharrata*.

C'est lui qui fut appelé pour être le chef des musiciens indigènes, dans la fête mauresque donnée lors du voyage de l'Empereur en Algérie.

Ce genre d'improvisation est connu de nos jours sous le nom de *Glose*.

La *Glose*, selon Aristide Quintilien, avait été introduite en Grèce par Timothée de Milet, ce chanteur juif dont il a déjà été question.

Ajoutons que si la réputation de ce chanteur fut grande, il eut à lutter dès le principe contre une vive opposition basée sur le fait même de ces enjolivements apportés à la mélodie.

C'est à lui que l'auteur de l'origine des rhythmes fait remonter l'invention, ou au moins le perfectionnement de la poésie dithyrambique sur laquelle il plaçait ses meilleurs enjolivements musicaux.

Peu à peu, la glose étendit son empire sur tous les rhythmes, soit qu'elle se modifiât elle-même, ou bien, ce qui me parait plus probable, soit qu'elle fût devenue une habitude, une nécessité. Toujours est-il qu'on la retrouve dans la musique de tous les peuples jusqu'à ce que, apparaissant sous le nom de *Discant*, — *discantus* — dans le chant religieux du dixième au treizième siècle, elle conduit au nouveau système sur lequel est basée notre musique, c'est-à-dire, à l'harmonie.

C'était la glose qui formait le principal point de la discussion qui s'éleva entre les chantres Francs et les chantres Italiens mandés par Charlemagne. Ces derniers corrigèrent les antiphonaires et enseignèrent aux Francs le chant Romain ; « Mais quant » aux sons tremblants, battus, coupés dans le chant, les Francs » ne purent jamais bien les rendre, faisant plutôt des che- » vrotements que des roulements, à cause de la rudesse naturelle » et barbare de leur gosier » (1).

Ces tremblements, ces battus, ces coupés, qui faisaient l'ornement de la musique au temps du très-pieux roi Charlemagne, avaient ce même attribut chez les Arabes et l'ont encore conservé (2).

---

(1) .....excepto quod tremulos vel vinnulas, sive collisibiles vel secabiles voces in cantu non poterant perfectè exprimere Franci, naturali voce barbaricâ frangentes in gutture voces quàm potius exprimentes.

(2) J'extrais le passage suivant du livre de Félix Mornand, *La vie Arabe*: » Ces vers érotiques étaient psalmodiés sur un air lugubre qui, par ses » chevrotements, ses intonations languissantes, et par l'absence de tout » rhythme, rappelait notre plainchant C'était une espèce de *trémolo* brisé » et plaintif, alternant, sans aucune transition, du *forte* au *piano*, et dont » le mouvement rapide était aussi peu en harmonie que possible avec « celui du chant. »

C'est là le principal obstacle à notre admiration pour cette musique, mais encore cet obstacle est-il facile à lever.

J'ai entendu la musique du Bey de Tunis, dans sa résidence princière de la Marsa. Cette musique est composée d'une trentaine d'instruments de cuivre fabriqués en Europe, tels que pistons, cors, trompettes, trombonnes, ophicléides, enfin tout ce qui compose une fanfare militaire. Tous ces instruments jouent à l'unisson sans autre accompagnement que le rhythme marqué par une grosse caisse et deux tambours ou caisses roulantes.

Avec ces instruments, les tremblements, les battus, en un mot la *Glose* devient impossible et il en résulte pour les Européens un chant qui, bien que conservant son caractère oriental, devient facilement appréciable quant au rapport des sons entre eux. C'est à ce point qu'à Tunis j'ai pu constater une affection bien plus prononcée et plus commune qu'en Algérie pour la musique arabe, et cela au milieu d'une population européenne dans laquelle les Italiens sont en très grande majorité.

Le même résultat est obtenu par suite d'un contact plus fréquent avec les Indigènes.

J'affirme cela d'autant plus volontiers que j'en ai la preuve dans les encouragements qui m'ont été donnés en Algérie pour cette étude de la musique arabe. Ces encouragements, je les ai dûs en grande partie aux chefs des bureaux arabes qui, par la nature même de leurs attributions, vivant pendant de longues années au milieu des Indigènes, se sont assimilé, au moins en partie, leurs usages, leur caractère, je dirais presque leurs sensations.

Il nous faut donc admettre une certaine *habitude acquise*, un certain degré d'*éducation de l'oreille*, pour comprendre le sens d'une mélodie arabe, la musique du Bey de Tunis n'étant qu'une exception, un fait isolé, et la glose régnant en maîtresse souveraine et absolue sur tous ceux qui chantent ou jouent d'un instrument depuis Tanger jusqu'à Alexandrie.

Ajoutons que ce fait de la réunion d'une musique militaire jouant à l'unisson, est assez concluant pour que nous puissions affirmer, dès à présent, que les Arabes ne connaissent pas l'harmonie (1). Il est bien évident que s'ils avaient seulement l'idée

(1) « Avant l'Islamisme, la musique n'était guère qu'une psalmodie peu » ambitieuse, que variait et brodait la chanteuse ou le chanteur, selon

de deux sons différents formant un ensemble agréable, on pourrait le constater mieux que partout ailleurs dans la musique du Bey de Tunis, par cela seul qu'elle est formée d'instruments européens. Mais, je le répète, l'harmonie, pour les Arabes, n'existe que dans l'accompagnement rhythmique des instruments à percussion. A Tunis, ce sera le rôle de la grosse caisse et des deux tambours qui complètent le corps de musique militaire; partout ailleurs, les instruments à cordes ou à vent joueront à l'unisson, tandis que le *Tar*, la *Bendaïr* ou tout autre instrument à percussion, propre au pays, frappera l'accompagnement rhythmique, la seule harmonie qu'ils apprécient.

II.

Supposons un chanteur accompagné d'un instrument à cordes: le mélange du chant joué uniformément sur l'instrument et des variantes improvisées par le chanteur, produira une confusion que des auditions fréquentes pourront seules amoindrir et enfin dissiper.

Si l'instrument accompagnant est la *Kouithra*, le chant reviendra en forme de ritournelle après chaque couplet, avec tous les enjolivements que comporte le genre de cet instrument, c'est-à-dire, les notes répétées, comme sur la mandoline, et une profusion de *pizzicati* en sourdine exécutés en forme de notes

---

» son goût, selon son émotion, selon l'effet que l'on voulait produire. Ces » variations ou plutôt ces caprices, ces fioritures se prolongeaient à l'in» fini, sur une syllabe, sur un mot, sur un hémistiche, de telle façon » qu'en chantant une cantilène de deux ou trois vers seulement, on en » avait parfois pour des heures. C'est encore aujourd'hui la même méthode; » la même manière: quel voyageur, quel touriste, en Égypte, n'a pas en» tendu chanter pendant une demi-heure et plus, sans s'arrêter, avec les » deux seuls mots : *ya leyly*, ô ma nuit!

» Le timbre de la voix, sa flexibilité, ses vibrations, le sentiment qui » faisait sonner ou frémir le timbre, différenciaient le mérite des chan» teuses. La vivacité, la gaité, la langueur amoureuse étaient les ressour» ces les plus puissantes et les plus sûres; le vin et l'amour payaient les » plus forts écots dans ces anciens concerts, à une voix ou à deux voix » à l'unisson. »

(*Femmes arabes, avant l'Islamisme*. Ch. XXXI)

Ces derniers mots disent assez que l'harmonie n'existait pas avant l'Islamisme; *deux voix à l'unisson*. Quant aux variantes, elles sont probablement aujourd'hui ce qu'elles étaient alors.

d'agrément, par la simple pression des doigts de la main gauche sur les cordes.

Qu'on juge de l'effet produit, lorsqu'à la Kouithra se joindra un *Rebab* ou un violon (*Kemendjah*) monté de quatre cordes accordées presque au diapazon de l'alto et nécessitant un égal nombre d'instruments à percussion, pour équilibrer les forces de l'harmonie rhythmique avec celles du chant joué à l'unisson par les instruments chantants (1).

Ce ne sont plus alors simplement des mélodies populaires qu'on entendra, mais un morceau complet, connu sous la dénomination de *Nouba*.

La Nouba se compose d'une introduction en récitatif suivie d'un premier motif à un mouvement modéré qui s'enchaîne dans un second d'une allure plus animée ; puis vient un retour au premier motif quelquefois sur un rhythme différent, mais toujours plus vif que le précédent, et enfin une péroraison *allegro vivace* tombant sur une dernière note en *point d'orgue*, qui semble rappeler le récitatif de l'introduction.

D'ordinaire, l'introduction a un accent de tristesse plaintive, de douce mélancolie, parfaitement en rapport avec le genre d'interprétation que lui donnent les Arabes. Pour le chanteur, c'est un mélange de voix mixte et de voix de tête, et la répétition de chaque phrase en récitatif, sur les cordes graves du violon ou sur le Rebab, vient encore augmenter cet effet.

Le récitatif du chanteur est précédé d'un prélude exécuté par les instruments chantants et destiné à indiquer le mode dans lequel doit être chantée la chanson.

Cette manière d'indiquer le ton au moyen d'une mélodie connue de tous, réglée à l'avance, n'a-t-elle pas la même origine que ces *Nomes* de la musique grecque, auxquels il était défendu de rien changer, parce qu'ils caractérisaient chacun de ses modes spéciaux ?

Chez les Arabes, ce prélude se nomme *Becheraf*.

Le *Becheraf* reproduit d'abord la gamme ascendante et descendante du ton, ou, si l'on aime mieux, du mode dans lequel on

---

(1) J'appelle instruments chantants les instruments autres que les tambours, qui jouent constamment le chant et rien que le chant à l'unisson des voix.

doit chanter; puis il indique les transitions par lesquelles on pourra passer accidentellement dans un autre mode (1), soit par les tétracordes semblables, appartenant à deux modes différents; soit par l'extension donnée en haut ou en bas de l'échelle du mode principal avec les notes caractéristiques de la Glose. En effet, la Glose n'est pas, comme on pourrait le croire, entièrement soumise aux caprices des exécutants. Elle est subordonnée à des règles dont il n'est permis à aucun musicien de s'écarter, s'il ne veut qu'on lui applique le proverbe usité autrefois pour les chanteurs comme pour les poëtes qui passaient sans transition d'un sujet à un autre, d'un mode principal à un autre qui n'avait avec lui aucune relation : *à Dorio ad Phrygium.* La Glose est en quelque sorte indiquée dans le prélude par les développements donnés à la gamme, non plus en conservant l'ordre habituel des sons, mais bien en *décrivant des cercles,* comme disent les Arabes. Cette expression, décrire des cercles, indique qu'il faut monter ou descendre par *degrés disjoints*: mais encore faut-il que ces degrés disjoints appartiennent au même trétracorde. Ainsi : au lieu de *ré mi fa sol,* par exemple, on fera *ré fa mi sol fa ré,* et ainsi de suite, soit en montant, soit en descendant (2).

Le *Becheraf* indique aussi les sons caractéristiques du mode, ceux sur lesquels on doit revenir plus souvent et ceux dont on ne doit se servir qu'avec modération.

Tel est, dans son ensemble, ce prélude obligé de tous les concerts arabes; ses divisions, bien qu'ayant un certain rapport avec celles de la mélopée des Grecs (*Lypsis, Mixi et Petteya*) n'ont pas cependant tous les développements qu'on a donnés au

(1) Le mode indiqué par le Becheraf correspond à nos tons diatoniques et n'exclut pas les changements accidentels.

(2) Cette expression, *décrire des cercles,* a fait penser à quelques personnes que les Arabes employaient ces figures pour écrire et expliquer leur musique. Feu M. Cotelle, drogman du Consulat français, à Tanger, savant orientaliste et musicien distingué, me fit voir, en 1856, la traduction d'un manuscrit arabe renfermant un ancien traité de musique, dans lequel on voyait des figures en forme de cercle. En effet, les Arabes se sont servis autrefois de cercles, divisés en un certain nombre de parties, servant à indiquer le rhythme poétique plutôt que musical, sur lequel on pouvait composer différentes chansons; on pourrait comparer l'emploi de ces cercles à celui des *timbres* indiqués dans nos vaudevilles pour chanter des couplets sur un air connu.

sujet représenté par chacun de ces trois mots. Nous nous contenterons de noter ces rapports, sans nous y appesantir davantage, pour continuer nos observations sur la mélodie entonnée par les musiciens immédiatement après le Becheraf.

III.

La chanson commence : la dernière note du récitatif, prolongée sur le violon, sert de signal aux instruments à percussion, et de point de départ pour l'intonation de la mélodie.

Quel que soit le mode auquel elle appartienne, le chanteur traînera la voix, en montant ou en descendant, depuis la dernière note du récitatif jusqu'à la première de la chanson.

Le premier couplet offrira un chant simple et de peu d'étendue ; la mélodie paraîtra facile à saisir, abstraction faite de l'accent guttural du chanteur et des combinaisons rhythmiques frappées sur les instruments à percussion.

Mais déjà le violon fait sa ritournelle en ajoutant à la mélodie les enjolivements qui constituent la partie essentielle de son talent, tandis que la guitare continue invariablement le thème Puis, le chanteur, reprenant le second couplet, commence à orner ses terminaisons, ses cadences, avec une série de petites notes empiétant en haut ou en bas sur l'étendue de l'échelle donnée. Il s'anime à mesure que le sujet se développe ; bientôt, aux petites notes, viennent se joindre les fragments de gamme traînée, sans régularité apparente et cependant sans altération de mesure, puisque le chant est joué et chanté souvent aussi, mais toujours à l'unisson par les autres musiciens, tandis que les instruments à percussion frappent uniformément le rhythme commencé sur le premier couplet de la chanson.

IV.

Ici deux faits se présentent tout d'abord :

1° L'absence de *la note sensible* ;

2° La répétition constante d'un ou deux *sons fondamentaux* sur lesquels repose l'idée mélodique.

L'absence de la note sensible nous prouvera que le système des Arabes repose sur des principes tout différents du nôtre : notre oreille ne pouvant supposer une mélodie privée de la note caractéristique du ton.

Au contraire, les notes caractéristiques de la mélodie arabe se présenteront au troisième ou quatrième degré de l'échelle des sons parcourus, le dernier étant toujours considéré comme point de départ, comme tonique. Les chansons arabes étant composées d'un grand nombre de couplets séparés par une ritournelle des instruments, il devient facile de reconnaître le point de départ de l'échelle des sons parcourus.

Partant de ce principe, on trouvera alors une gamme dont le premier son sera pris indistinctement parmi les sept dont nous nous servons, mais en conservant intacte la position des demi-tons. Soit, par exemple, le *ré* pris pour point de départ, nous aurons la gamme suivante :

ré mi fa sol la si do ré

Et, selon les différents points de départ, le ton ou plutôt le mode sera changé, mais la position des demi-tons restera toujours fixe et invariable du *mi* au *fa* et du *si* au *do*. Au contraire, avec notre système harmonique, les demi-tons se déplacent en raison du point de départ, pour se trouver toujours du troisième au quatrième degré et du septième au huitième.

Telle est la composition la plus ordinaire des gammes arabes, imitées de celles des modes grecs et des tons du plainchant.

Dès à présent, nous pouvons formuler le caractère de la mélodie arabe de la manière suivante :

UNE MÉLODIE DONT LE POINT DE DÉPART, PRIS DANS LES SEPT DEGRÉS DE LA GAMME, N'ENTRAINE PAS, PAR SUITE DE L'ABSENCE DE LA SENSIBLE, LE DÉPLACEMENT DES DEMI-TONS.

Enfin, en nous appuyant sur ce principe, nous pourrons écrire les chansons arabes; puis, les soumettant à un examen plus approfondi, nous reconnaîtrons que les notes fondamentales se trouvent généralement au troisième et au quatrième degrés, selon le point de départ qui détermine la tonalité, et que ces notes remplissent ainsi l'office des deux demi-tons de notre système musical.

V.

Me voilà bien loin de ceux qui ont prétendu trouver des tiers et des quarts de ton dans la musique des Arabes. Cette opinion, que je déclare pour mon compte entièrement erronée, est dûe sans doute à l'emploi des gammes traînées dont je parlais plus haut. L'emploi de ces gammes est un des modes d'ornementation les plus usités, surtout par les chanteurs et les violonistes; et j'avouerai sans peine que c'est là ce qui me séduit le moins dans la musique arabe.

Au contraire, les terminaisons toujours variées, soit par la note supérieure ou inférieure ajoutée à celles du chant, soit par plusieurs petites notes à intervalles différents, mais toujours choisies dans la tonalité de la chanson, pour arriver à la note tenue sur laquelle retombe l'idée mélodique, ces terminaisons pour lesquelles les Arabes ont un genre tout spécial, sont une des plus jolies choses qu'on puisse imaginer.

Rien de plus délicatement orné.

La suppression ou l'adjonction d'une note, quelquefois l'interposition seulement, suffit pour donner une autre formule mélodique, un accent différent, quoique bien en rapport avec l'ensemble du sujet et qui prépare d'une façon toujours nouvelle, presque toujours gracieuse, le repos sur la note fondamentale.

A mesure que le nombre des couplets augmente, les variantes augmentent aussi, détruisant par leur originalité, par leur forme multiple, la monotonie qui résulterait de la répétition constante d'une même phrase, jusqu'au moment ou deux ou trois reprises d'une terminaison principale, faites en forme de réponse par le violon, servent d'enchaînement au second motif.

Si le violon est entre les mains d'un musicien habile, il essaiera dans ces réponses un *discant* sur les cordes graves, généralement à la quarte inférieure, préparant ainsi le changement qui devra se faire dans la tonalité.

Alors se reproduit le même genre d'exécution avec les variantes amenées progressivement jusqu'au retour au premier motif exécuté cette fois sur un rhythme différent.

On comprendra comment il devient impossible de bien apprécier, au premier abord, cette musique si peu en rapport avec nos sensations, et comment aussi nous avons posé cette théorie de l'*habitude d'entendre* ou de l'*éducation de l'oreille*, comme la condition indispensable pour apprécier à sa valeur une musique si différente de la nôtre.

CHAPITRE III.

Modes des Grecs et des Arabes.— Tons du plain-chaint.— Les Arabes ont quartorze modes.— Résumé historique.— Quatre modes principaux : *Irak*, *Mezmoum*, *Edzeil*, *Djorka*. — Chanson faite par les Kabiles lors de leur soumission en 1857.— Quatre modes secondaires : *L'sain*, *Saïka*, *Meïa*, *Rásd-Edzeil*.

I

Chacun des sept degrés de la gamme pouvant servir de point de départ pour une des gammes de la musique des Arabes, ils auront donc sept gammes ou modes différents. Cependant, si on interroge à ce sujet un musicien indigène, il répondra sans hésiter, que leur système musical en compte quatorze. Demandez-lui d'en faire l'énumération et il n'arrivera à en nommer que douze. J'ai cherché longtemps, et sans résultat, à connaître les deux autres. Du reste, il m'a été impossible de constater l'existence de ces deux modes, après l'analyse que j'ai dû faire des chansons écrites par moi sous la dictée des musiciens arabes. Je suis donc forcé de borner mon énumération aux douze modes dont on m'a donné les noms, et dont les différentes qualités s'adaptent parfaitement au caractère spécial de chaque chanson. Mais avant de faire cette énumération, et pour éviter les répétitions, il est utile de retracer ici un résumé historique qui nous aidera dans nos appréciations.

II.

A l'époque de l'invasion des Barbares, les arts et les sciences trouvèrent un refuge dans le Christianisme. La religion nouvelle avait emprunté aux Hébreux, leurs psaumes, et aux Gentils, leurs chansons. Mais l'exagération signalée par l'union des instruments avec les voix pour l'exécution des chants religieux, et aussi l'emploi de certains modes particuliers aux représentations théâtrales des Romains, appelaient une réforme sévère.

Ce furent saint Augustin et saint Ambroise qui l'entreprirent, le premier, à Hippone, le second, à Milan. Tous deux firent un choix parmi les chansons jugées dignes d'être chantées dans les temples, et ce choix se porta principalement sur celles qui appartenaient aux plus anciens modes des Grecs.

Plus tard, saint Grégoire continua cette œuvre de réforme nécessitée par une nouvelle invasion de ces modes déjà prohibés et que les Hérésiarques voulaient introduire dans le chant religieux. Mais, en même temps qu'il réformait et codifiait ce chant, qui a conservé son nom, saint Grégoire augmenta le nombre des modes, ou plutôt il autorisa leur emploi des deux manières usitées autrefois par les Grecs, c'est-à-dire, dans les deux proportions *arithmétique* et *harmonique* (1). Chacune des tonalités posées par les premiers réformateurs devint ainsi le point de départ de deux modes différents. Enfin, on divisa ces modes en principaux et plagaux ou supérieurs et inférieurs, chacun ayant un point de départ qui lui était propre, c'est-à-dire une des sept notes de la gamme.

Dans toutes ces réformes, le principe des deux demi-tons placés invariablement du *mi* au *fa* et du *si* au *do*, avait été respecté; il semblait qu'il dût l'être toujours. Mais, par suite de l'introduction du système harmonique, l'oreille se familiarisa, dans la musique moderne, avec le déplacement des demi-tons subordonné au changement de la tonique; et, comme les tendances de l'ancien système subsistaient encore, il résulta de la lutte qui s'établit alors un chant qui ne tient à rien, n'appartient à aucune époque, et ne soutient notre harmonie qu'à la condition de changer sa mélodie, de telle sorte que les Musiciens ne l'acceptent pas comme musique et que nous doutons que saint Grégoire pût jamais le reconnaître s'il revenait parmi nous.

Cette étude pourra-t-elle venir en aide à ceux qui désirent ramener le plain-chant dans la voie dont il n'aurait pas dû s'écarter? C'est un peu dans ce but que je placerai ici les différents modes des Arabes en regard des modes Grecs et des tons du plain-chant qui y correspondaient, heureux si je peux ainsi apporter ma pierre dans une œuvre de restauration recommandable à tous les points de vue.

III.

Examinons d'abord les quatre modes principaux les plus usités :

---

(1) L'octave est divisée arithmétiquement, quand la quarte est au grave et la quinte à l'aigu.

Dans la division harmonique, c'est le contraire qui a lieu.

1° Le mode *Irâk*, correspondant au mode *Dorien* des Grecs et au *premier ton* du plain-chant ayant pour base le *ré*.

Il est sérieux et grave, propre pour chanter la guerre et la religion.

Presque tous les chants du rite Haneft sont sur ce mode. On en trouvera un exemple dans l'espèce de chant religieux dont les premières paroles sont : *Allah ya rabbi sidi*. Il y a dans ce chant une expression mélodique que ne désavouerait pas un compositeur moderne.

2° Le mode *Mezmoum*, correspondant au mode *Lydien* des Grecs, et au *troisième ton* du plain-chant ayant pour base le *mi*.

Il est triste, pathétique, efféminé et entraîne à la mollesse (1).

Platon avait banni le mode lydien de la république.

C'est sur ce mode que se joue la danse connue à Constantine sous le nom de *Chabati*, danse lente et voluptueuse dont le mouvement se concentre dans les torsions de la taille.

Sur ce mode aussi, se chantent presque toutes les chansons d'amour, parmi lesquelles je citerai celle bien connue qui commence ainsi : *Mâda djeridj*. Notons aussi la chanson faite par les femmes de Bou-Sada en l'honneur du bureau arabe : *El-biro ya mléh*.

Dans le plain-chant, le troisième ton a conservé ce même caractère, mais son emploi devient plus rare de jour en jour. On s'en sert encore dans quelques diocèses pour les litanies de la Vierge.

3° Le mode *Edzeil*, correspondant au mode *Phrygien* des Grecs, et au *cinquième ton* du plain-chant ayant pour base le *fa*.

Ardent, fier, impétueux, terrible, il est propre à exciter aux combats. Son emploi est presque spécialement affecté aux instruments de musique militaire (2).

---

(1) J'ai retrouvé presque constamment ce mode en Espagne dans les chansons populaires.

(2) On attribue à ce mode la qualification de *Diabolus in musica* qui appartenait réellement au mode *Asbein*.

Le mode *Asbein* n'était pas employé dans le chant grégorien. La dureté du mode *Edzeil*, provenant du triton qui en forme la base (*fa-sol-la-si*), lui a fait donner à tort une qualification qui n'est applicable qu'au mode *Asbein*, ainsi que le prouve la légende que je cite et qu'on peut constater dans la *danse du Djinn* (Voir le chapitre VI).

« Timothée excitait les fureurs d'Alexandre par le mode Phry-
» gien, et les calmait par le mode Lydien » (Rousseau).

C'est principalement chez les tribus guerrières de l'Algérie qu'on rencontre le mode Edzeil. Les Kabiles l'emploient fréquemment, ce qui explique leur usage presque exclusif des instruments à vent.

Citons plus particulièrement la *danse des Zouaoua*, dont le caractère correspond bien à l'idée qu'on se fait de cette tribu vaillante qui a donné son nom aux zouaves.

La chanson que les Kabiles firent sur le Maréchal Bugeaud a le même cachet fier et sauvage qu'on retrouve jusque dans quelques chansons amoureuses, telles que celle de *Sidi Aiche*. Il semble, en effet, que ce soit là le seul mode dont l'emploi convienne à un peuple qui se vantait d'avoir toujours été libre et ne s'est soumis que récemment à la domination française.

Une autre chanson qu'ils firent lors de la conquête de la Kabilie par M. le Maréchal Randon, en 1857, me paraît digne d'être citée en entier. La voici telle qu'elle a été traduite par M. Féraud, interprète de la division de Constantine :

Le Maréchal allant combattre a fait arborer son étendard ;
Les soldats qui le suivent, munis de toutes armes, sont habitués à la guerre ;
Infortunés Kabiles qui n'ont pas écouté les conseils ; ils vont être asservis !
Les Aït-Iraten, surtout, étaient prévenus depuis longtemps ;
Le Kabile n'avait obéi ni à l'Arabe ni au Turc ;
Mais le Roumi, guerrier puissant, vient s'établir dans son pays ;
Il y construit le fort du Sultan ; c'est là qu'il habitera.
Aït l'Hassen a été enlevé de force ;
Tant mieux pour lui, car les enfants de Paris font toujours ce qu'ils promettent.
L'étendard des généraux éblouit d'éclat ;
Tous marchent pour une même cause et vers un même but ;
Chacun d'eux porte les insignes du grade sur les épaules ;
Les Zouaoua vaincus se sont soumis ;
Les colonnes étaient campées sous Zibert.
Le canon tonnait,
Les femmes mouraient d'épouvante ;
Les chrétiens, ornés de décorations, avaient ceint leurs sabres ;
Et lorsque le signal a été donné, chacun a couru au combat ;
Mezian a été rasé jusqu'aux fondations ;
Que ceux qui comprennent réfléchissent (1).

---

(1) V. sur ce chant, le 2e volume de la *Revue Africaine* (1857-1858), p. 331, 416 et 500.

Je n'ai pu résister au plaisir de citer ces strophes dont l'énergique naïveté témoigne, mieux que ne pourraient le faire de longs discours, de ce qu'est devenu cet esprit d'indépendance si célébré des montagnards du Jurjura.

Je reprends, maintenant, mon travail musical au point où je l'ai laissé pour faire cette citation toute exceptionnelle, puisqu'elle ne peut avoir, au point de vue où je me suis placé, qu'un intérêt secondaire.

4° Le mode *Djorka*, correspondant au mode *Eolien* des Grecs (quelques auteurs disent Lydien grave), et au *septième ton* du plain-chant ayant pour base le *sol*.

Ce mode est grave et sévère; il semble résumer en lui les qualités de deux des précédents (Irak et Edzeil), dont on a quelquefois de la peine à le distinguer.

Dans le plain-chant, on confond journellement le cinquième ton avec le septième, quant aux rapports des intervalles.

Rousseau, parlant de son origine, dit que son nom vient de l'Eolie, contrée de l'Asie Mineure, où il fut primitivement employé.

C'est du mode Eolien que Burette a traduit en notes l'*hymne à Némésis*.

On retrouve ce mode partout dans la musique arabe, où il exprime les sentiments les plus divers. Sévère dans les marches militaires de la musique de Tunis, marches qu'on croirait basées sur notre système harmonique, n'était l'absence de la sensible (fa naturel); triste avec celui qui chante : *Ya leslam ha hedabi* tendre et plaintif dans l'*Amaroua* de Tizi-Ouzou et dans la chanson des *Beni-Abbès*, tandis qu'à Constantine il accompagne la danse voluptueuse du *Chabati*, en chantant *Amokra oulidi*; il saura encore donner une grâce naïve au *Guifsarïa* des Kabiles, et son influence s'étendra jusqu'au chant du *mueddin* qui appelle à la prière les fidèles croyants.

En vain, je voudrais donner une idée du charme que les Arabes trouvent dans l'usage de ce mode; en vain, je citerais les chansons avec leurs différents caractères. Protée musical, le mode *Djorka* revêt toutes les formes, prend toutes les allures. Je ne saurais mieux le faire apprécier qu'en indiquant son emploi dans le plain-chant pour toutes les fêtes solennelles.

IV.

Les quatre modes suivants ont, avec les premiers, une ressemblance due, tant à la reproduction des tétracordes qu'à la division arithmétique sur laquelle ils sont basés. Ce sont les quatre tons *inférieurs* du plain-chant. Les voici dans le même ordre que les précédents :

5° Le mode *L'sain*, correspondant au mode *Hyper-dorien* des Grecs, et au *deuxième ton* du plain-chant ayant pour base le *la*.

Il emprunte quelquefois la gravité religieuse du mode *Irak*, comme dans le *Gammara* de Tunis, ou encore dans cette plaintive chanson qui commence ainsi : *Ami sebbah el ahbab.*

C'est sur ce mode que les Kabiles chantent la chanson de Sébastopol, qu'ils appellent Stamboul. L'emploi de ce mode tient à ce que cette chanson, malgré son titre, n'a rien de guerrier. C'est la plainte d'un jeune guerrier que l'amour empêche d'aller défendre l'étendard du prophète.

L'emploi fréquent de ce mode chez les Maures et les Arabes a fait dire que presque toutes leurs chansons étaient en mode mineur (1). Ce serait, en effet, la reproduction de notre gamme mineure s'il y avait une note sensible, mais le chant arabe ramène obstinément le sol naturel dans le mode *L'sain.*

6° Le mode *Saika*, correspondant au mode *Hyper-Lydien* des Grecs et au *quatrième ton* du plain-chant ayant pour base le *si*.

Son emploi est très-rare et aussi son caractère mal défini. On le confond assez souvent avec le mode *Mezmoum* dont il dérive.

7° Le mode *Méïa*, correspondant au mode *Hyper-Phrygien* des Grecs, et au *sixième ton* du plain-chant ayant pour base le *do*.

Selon Plutarque, ce mode est propre à tempérer la véhémence du Phrygien. En effet, bien qu'il participe du mode *Edzeil* dont il a quelquefois la férocité, il conserve un caractère de grandeur et de majesté, même chez les Kabiles, qui l'emploient dans quelques-unes de leurs chansons populaires. *El ou mouïma ou lascar* que chantent les femmes pour encourager les guerriers au combat, et la chanson des Beni-Mansour sont dans ce mode.

Dans le plain-chant, le cinquième et le sixième tons semblent aujourd'hui n'en former qu'un seul.

---

(1) Voir la chanson mauresque d'Alger, intitulée *Chebbou-chebban*, gravée avec un accompagnement de piano qui reproduit le rhythme des tambours. (Chez Richault, éditeur de musique, boulevart Poissonnière)

Il serait curieux de rechercher par quelles gradations on a successivement abandonné toutes ces gammes, usitées alors dans la musique profane comme dans la musique sacrée, pour ne conserver, dans la première, que la gamme du sixième ton du plain-chant.

C'est à ce point de vue qu'il serait bon d'étudier surtout la musique des Espagnols, non pas celle des 15e et 16e siècles, comme on l'a fait déjà, mais bien celle des chansons populaires. Dans ces chansons, où l'on reconnaît facilement le caractère arabe imprimé par sept siècles de domination, dans ces *Cañas*, *Jácaras*, etc., doit se trouver la transition du principe ancien au principe nouveau, le germe de la révolution musicale qui donna naissance à l'harmonie, révolution dont Gui d'Arezzo fut le premier apôtre.

J'essaierai, en parlant des instruments, de donner quelques indications sur ce sujet (voir le chapitre suivant).

8° Le mode *Rasd-edzeil*, correspondant au mode *Hyper-mixo-lydien* des Grecs, et au *huitième ton* du plain-chant ayant pour base le *ré*, octave du premier.

Ce mode offre un mélange singulier, un résumé des autres et principalement du mode *Edzeil*, auquel il donne une teinte lugubre. On le dit propre aux méditations sublimes et divines.

Les chansons écrites dans ce mode ne se distinguent de celles du premie et du troisième que par les terminaisons et des détails qu'il serait beaucoup trop long d'énumérer ici.

Tels sont, en somme, les huit premiers modes de la musique arabe. Tous sont basés sur chacune des sept notes de la gamme, sans déplacement des demi-tons.

CHAPITRE IV.

Tétracorde et hexacorde. — Instruments usités chez les Hébreux, chez les Grecs, chez les Arabes, et qui servent encore à l'exécution de la musique populaire en Espagne. — *Gosba*. — *Taar* et *Dof*. — *Kanoun*, harpe de David. — *Djaouak*. Légende, flûte à sept trous. — *Raïta* et *Gaïta*. — *Atabal*. *Atambor*. *Derbouka* — Violon ou *Kemendjah*, *Rebab*. — *Kouitra*. — Les anciens n'ont pas connu les propriétés de l'octave. — Consonnances de tierce et de sixte. — Boèce. — St-Grégoire. — Gui d'Arezzo pose les bases d'une gamme unique et réunit dans son système d'hexacordes les premiers éléments d'où doit jaillir le nouveau principe musical, l'harmonie. — Le guitare moderne ; fusion des deux systèmes.

I.

Je vais chercher maintenant à expliquer comment le principe musical ancien, basé sur le système des tétracordes, passa au système des hexacordes avant d'arriver à celui de l'octave qui le régit à présent.

Dans ce sens, l'examen des différents instruments usités chez les Arabes nous sera d'un grand secours, puisque nous y trouverons la classification des sons réduite dans quelques-uns à un seul trétracorde se suffisant à lui-même, développée dans d'autres jusqu'à une étendue de trois octaves et trois notes, étendue qui devait être la limite extrême des sons appréciables produits par des instruments aussi imparfaits.

Quelqu'hésitation qu'on ait d'ailleurs à admettre un système musical régi par le tétracorde ou même par l'hexacorde, il nous faudra bien en reconnaître l'existence dans la flûte à trois trous donnant quatre sons seulement, un *tétracorde;* dans la guitare accordée par quartes, puis par quartes et sixtes ; enfin dans le rebab, ce violon primitif qui, à la position ordinaire, n'a qu'une étendue de six notes, un *hexacorde*.

D'un autre côté, si on admet l'influence des Arabes en Europe, notamment depuis le huitième jusqu'au quatorzième siècle, influence qu'on ne saurait mettre en doute à l'égard de la littérature tant dans le midi de la France qu'en Espagne et en Italie, il nous sera permis de croire que cette influence dut se porter aussi sur la musique qui, avec la poésie, formait la partie essentielle de la Gaye-science, la science des Trouvères et des Ménestrels.

C'est là, à nos yeux, le côté important de cette étude, puisqu'on peut en tirer des renseignements curieux et intéressants pour une période presqu'inconnue de l'histoire de la musique.

II.

« Des tambours et des flûtes de la plus grossière espèce fu-
» rent trouvés au milieu des îles les moins peuplées, et l'on
» peut prouver par des exemples multipliés à l'infini que la
» musique est absolument la même chez tous les peuples
» barbares. »

Ainsi s'exprime M. Fétis dans sa traduction de *l'Histoire de la musique* par Stafford.

Une flûte et un tambour résument aussi l'orchestre populaire des Arabes; ces deux instruments sont en général, sinon de la plus grossière espèce, au moins essentiellement primitifs.

Un roseau percé de trois trous forme la flûte nommée *Gosba.*

Une peau séchée tendue sur un cercle de bois en forme de tambour de basque et voilà le *Tarr.* Quelquefois, ce tambour affecte la forme carrée, principalement chez les tribus errantes du Sahara. On l'appelle alors *Dof.*

Joignons à ces deux instruments un chanteur et nous aurons la musique arabe telle qu'on l'entend le plus ordinairement.

La flûte à trois trous donne quatre sons en comptant celui qui se fait sans le secours des doigts, c'est-à-dire en laissant les trois trous ouverts. C'est l'instrument chantant chargé de soutenir la voix du chanteur en jouant constamment le texte de la chanson. Dans les ritournelles, entre chaque couplet, les variantes consistent en espèces de trilles imitant les sons tremblés, puis dans la répétition du chant en sons plus aigus, obtenus par la pression des lèvres sur le bout du roseau, dont l'orifice sert d'embouchure, et enfin dans le mélange de ces deux différentes sonorités.

Les dimensions du Gosba sont à peu près les mêmes que celles de notre grande flûte.

Notons dès à présent ce fait que le changement des sons graves aux sons aigus s'opère, non pas à une octave de différence, mais bien à une quinte, ainsi que cela a lieu avec le fifre des bateleurs provençaux ou avec la flûte à bec des musiciens de certaines provinces de l'Espagne. Cependant la mélodie chantée et jouée ne dépasse jamais l'étendue du *tétracorde*, si ce n'est dans les enjolivements dont je viens de parler.

L'accompagnement est fait par le tambour dont le rhythme, toujours égal, régularise celui de la chanson, en même temps que son timbre voilé semble lui faire une espèce de basse continue.

Nous voyons dans la bible qu'à l'occasion du passage de la mer Rouge, Moïse et les enfants d'Israël chantèrent un hymne d'action de grâces. Mariam, la prophétesse, sœur d'Aaron, prit en main un tambourin, *tof*, et toutes les femmes la suivirent en dansant (1).

Le *tof* des Hébreux ou *d^f* des Arabes, avec la forme carrée, existe encore en Espagne, où il joue le même rôle sous le nom de *aduf*. Là, comme en Afrique, il marque le rhythme des vieilles chansons populaires dont l'étendue n'excède pas quatre notes.

III.

A propos du *tof* des Hébreux, on objectera, sans doute, la *harpe de David* et les quatre mille chanteurs de Salomon. Voyons, dès à présent, ce qu'était cette harpe ; cela nous conduira directement à l'examen du système musical (2) des Anciens arrivé à son plus grand développement quant au nombre des sons appréciables avec leurs instruments.

On se ferait une étrange idée de la harpe de David, si on se la figurait semblable à celle qu'on emploie de nos jours. Une chose cependant fait croire à de grandes dimensions pour cet instrument. On parle de soixante-quinze cordes.

Or, la harpe de soixante-quinze cordes est encore en usage chez les Arabes, principalement à Tunis et à Alexandrie. On l'appelait chez les Hébreux *Kinnor;* chez les Arabes son nom est *kanoun* ou *ganoun*. Les Grecs avaient un instrument semblable nommé *kynnira*.

---

(1) Le chanteur qui le premier s'acquit une juste renommée après l'installation de l'islamisme, fut un appelé Towais (il était à Médine), esclave d'Arwa, mère du troisième kalife Othmân (Osmân), fils d'Affan. Arwa affranchit Towais. Ce fut lui qui inventa le tambour de basque carré (*Femmes Arabes depuis l'islamisme*, ch. XXI).

(2) Il est bien entendu que j'appelle *système* l'ensemble des sons classés à cette époque, depuis le plus grave jusqu'au plus aigu.

Cette harpe se pose sur les genoux de l'instrumentiste, et, malgré ses soixante-quinze cordes, elle n'est guère plus grande ni plus lourde qu'une guitare. Les cordes n'ont pas plus de 80 ou 90 centimètres dans leur plus grande longueur. Elles sont tendues horizontalement sur une boîte harmonique en bois d'érable recouverte d'une peau séchée comme celle d'un tambour. Cette boîte harmonique a la forme d'un triangle aigu. On pince les cordes au moyen de petites baleines ou de becs de plume fixés à l'index et au medius de chaque main par des anneaux (1).

Les seuls enjolivements que comporte la nature du *kanoun* sont des gammes ascendantes et descendantes exécutées en faisant glisser rapidement les becs de plume sur les cordes, et cela toujours en se soumettant au rhythme de la chanson marqué par un instrument à percussion.

Les deux doigts de chaque main employés pour pincer les cordes pourraient faire supposer une suite de sons simultanés produisant l'harmonie; il n'en est rien. Le joueur de *kanoun* se sert de l'index de chaque main dans les passages rapides et dans les gammes glissées; l'emploi des quatre doigts n'a lieu que pour l'exécution des notes répétées, genre d'enjolivement dont j'ai déjà parlé au sujet de la kouitra. Le kanoun joue le même rôle que la kouitra dans les concerts arabes.

Quant aux soixante-quinze cordes, elles sont accordées par *trois à l'unisson*, ce qui réduit à *vingt-cinq le nombre des sons formant l'étendue du système basé sur le tétracorde*. Encore, arrive-t-il souvent que les musiciens négligent de mettre les cordes extrêmes dont l'emploi est très-rare. Alors l'étendue du *kanoun* est seulement de *trois octaves*, comportant *soixante-six cordes*, par suite de la suppression des trois sons les plus aigus.

Le mode d'accord est conforme au premier ton du plain-chant. La corde la plus grave donne le *ré* et les sons se succèdent dans l'ordre naturel : *ré-mi-fa-sol-la-si-do-ré*, etc.

Avec soixante-six cordes, l'étendue est de trois octaves, de *ré* à *ré*

Avec soixante-quinze cordes, elle est de trois octaves et trois notes, de *ré* à *sol*, *limite extrême des sons appréciables sur des instruments aussi imparfaits*.

---

(1) Cette harpe perfectionnée devint plus tard le *polyplectrum*, dont on attribue l'invention à Gui d'Arezzo. C'est là la première forme de l'épinette, pour arriver à notre piano.

IV.

Revenons au tétracorde.

Les chansons populaires les plus anciennes, avons nous dit, *sont renfermées dans les quatre sons de la flûte à trois trous*. Le tétracorde se suffit à lui-même, et ce n'est que dans quelques enjolivements qu'on entend une cinquième note glisser rapidement.

Comment le système des sons s'est-il développé pour atteindre trois octaves, que nous savons être l'étendue du *kanoun*?

L'adjonction d'une corde en haut ou en bas s'explique facilement pour la lyre. Pour la flûte, au contraire, il n'y a pas de transition entre l'emploi de la flûte à trois trous, formant un tétracorde, et celui de la flûte à six trous, donnant la réunion de deux tétracordes conjoints.

Je n'ai recueilli, à ce sujet, d'autres renseignements qu'une légende. La voici:

Mohammed était un des plus célèbres musiciens de Constantine; on l'appelait à prendre part à toutes les fêtes, d'où il revenait toujours comblé de présents.

Cependant Mohammed était triste. Quelle pouvait être la cause de sa tristesse? Hélas! son fils, qui promettait d'hériter de son talent et de sa réputation, était mort peu de temps après son mariage, et le vieux musicien ne cessait de demander au Prophète de le laisser vivre assez longtemps pour qu'il pût transmettre ses connaissances musicales à son petit-fils, dernier rejeton de sa race.

L'enfant, qui se nommait Ahmed, manifesta de bonne heure un goût prononcé pour la musique; bientôt, le vieillard lui ayant confectionné une flûte dont la grandeur était appropriée à ses petites mains put l'emmener avec lui dans les fêtes, où chacun le félicitait sur le talent précoce de son petit-fils, et l'assurait qu'il parviendrait à l'égaler.

Un jour que l'enfant était resté seul à la maison, Mohammed fut fort étonné, en revenant chez lui, d'entendre une musique qui semblait produite par deux instruments. Pensant que quelque musicien étranger était venu le voir, il pressa le pas, mais, en pénétrant dans la cour, il ne vit que son fils qui, ne l'ayant pas entendu venir, continuait à jouer de la flûte, et produisait, à lui seul, cet ensemble de sons tout nouveau.

L'enfant, ayant introduit l'extrémité de sa petite flûte dans celle de son grand-père, avait obtenu une étendue de sons jusque-là inconnue sur cet instrument. Et comme Mohammed le questionnait au sujet de sa découverte, il répondit simplement qu'il avait voulu que *sa voix suivît celle de son aïeul.*

En effet, les sons de la petite flûte suivaient graduellement ceux de la grande, ou, pour mieux nous exprimer, complétaient presque l'octave, dont la grande flûte ne donnait que les premiers sons, les plus graves.

Les marabouts, appelés à se prononcer sur ce fait extraordinaire, en conclurent que le Prophète avait voulu indiquer que l'enfant continuerait la réputation du nom de son aïeul et même la surpasserait. C'est à cause de cela qu'on nomma cette nouvelle flûte *djaouak,* c'est à dire *ce qui suit.*

D'après cette légende, nous considérerons comme datant de l'ère musulmane la flûte percée de six trous et donnant, par conséquent, sept sons. Le *djaouak* usité aujourd'hui plus particulièrement par les Maures, est percé de sept trous et donne l'octave complète. Il est rare cependant que les chansons jouées sur cet instrument dépassent une étendue de six ou sept sons ; l'octave n'est presque jamais employée si ce n'est dans les enjolivements.

Quelquefois, on rencontre aussi le gosba, grande flûte percée de de cinq ou six trous, donnant, par conséquent, l'hexacorde au moins.

Rappelons, à ce sujet, que les Grecs avaient des flûtes de différentes espèces pour les différents modes, et que les auteurs parlent souvent de la flûte à trois trous. La flûte double étant la réunion de deux flûtes appartenant à l'un des modes dorien, ionien ou phrygien, aurait été ainsi un premier pas vers la découverte de l'*hexacorde,* amenée par l'emploi simultané de deux modes différents mais toujours les plus rapprochés. Or, en réunissant les sons extrêmes de deux de ces flûtes, on ne dépassait pas une étendue de six notes, un *hexacorde.*

La flûte du mode dorien donnait *ré — mi — fa — sol* ; celle du du mode Ionien, *mi — fa — sol — la* ; celle du mode phrygien, *fa — sol — la — si.*

L'étendue complète était donc de *ré* à *si.*

N'y a-t-il pas là déjà un précédent pour le système d'*hexacorde* de Gui d'Arezzo ?

V.

Signalons, pour en finir avec les instruments à vent, la *raïta* ou *raïca*, espèce de musette à anche percée de sept trous et terminée enpavillon.

Cet instrument déjà plus parfait, puisqu'il résume toujours l'octave, est connu en Espagne sous le nom de *gaita*. Chez lesArabes, il sert généralement pour les chants de guerre, et — ce qui peut amener quelque confusion — le mode qui lui est propre est appelé par les anciens auteurs *Jaika* ou *Saika*, noms qu'on lui donne encore dans certaines parties de l'Afrique (1).

L'accompagnement rhythmique de la *Raita* est produit par des paires de timballes de différentes dimensions, blouzées avec deux baguettes. Leur nom est *Atabal*.

Il y a aussi, dans la musique militaire des Arabes, un tambour plus grand nommé *Atambor*. On le frappe avec un os d'animal.

Le nombre des instruments à percussion en usage chez les Arabes est si considérable, qu'il me serait impossible de les indiquer tous. Je me bornerai donc à citer, comme étant plus usités la *derbouka* et le *bendaïr*. Ce dernier est une simplification du *Tarr*.

VI.

Parmi les instruments à cordes figure le violon, connu sous le nom de *kemendjah*. Il est monté de quatre cordes accordées par quintes comme notre violon européen. La seule différence consiste dans la manière de le jouer. Le musicien étant assis tient son instrument de la main gauche en faisant reposer l'extrémité de la table d'harmonie sur son genou. L'archet, tenu de la main droite, passe sur les cordes comme celui de notre violoncelle, mais la position de la main est en sens inverse, le poignet en dessous de la baguette et l'extrémité des doigts en l'air. C'est à cette position de la main que j'attribue certaine pression sur la corde tout-à-fait spéciale aux artistes indigènes. Le mouvement de va et vient est

---

(1) *Saika* est le nom du sixième mode ayant pour base le *si*
. Quelques variétés de ces diverses espèces d'instruments, tels que *Méïa L'sain*, etc... prennent également leur nom du mode qui leur est propr

toujours dans la même ligne ; une manœuvre de la main gauche fait tourner le violon pour amener sous les crins la corde qui doit vibrer.

Un violon primitif, le *Rebab* (*Rebeb* ou *Rebec*) joue un rôle important dans la musique arabe. Le *Rebab* a la boîte bombée comme la mandoline; le haut de l'instrument, un peu aminci, sert de manche. Une plaque de cuivre, qui couvre la moitié de la surface de l'instrument, forme la touche ; la partie inférieure est recouverte d'une peau sur laquelle repose, en guise de chevalet, un morceau de roseau taillé dans la longueur. Deux cordes grosses comme celles de notre contre-basse et accordées en quinte sont mises en vibration à l'aide d'un très-petit archet de fer arrondi en arc. On joue le *rebab* comme la *kemèndjah*. Pour faciliter le démanché, la tête du *rebab*, recourbée à l'inverse de celle du violon, est appuyée sur l'épaule de l'exécutant.

A la position naturelle, l'étendue des sons produits par le *rebab* est d'un *hexacorde*.

VII.

Il me reste à parler de la *kouitra* dite guitare de Tunis.

La *kouitra* était l'instrument connu des Grecs sous le nom de *kithara*, elle a conservé la forme première de la lyre :

On sait que, d'après l'histoire des temps mythologiques, ce fut Mercure selon les uns, Orphée selon les autres, qui inventa la lyre, en faisant résonner sous ses doigts les nerfs d'une tortue desséchée au soleil.

Or, cette forme concave de la carapace de la tortue, les Grecs l'avaient conservée à la *kithara;* ils la transmirent aux Romains, chez qui la dénomination de *lira* était commune à tous les instruments à cordes, comme celle de *tibia* à tous les instruments à vent.

La *kithara* fut une individualité dans l'espèce bien qu'elle conservât plus que les autres la forme primitive qu'on retrouve dans la *kouitra* des Arabes.

La *kouitra* est montée de huit cordes accordées par deux à l'unisson, ce qui ne donne en réalité que quatre sons. Les cordes sont mises en vibration au moyen d'un bec de plume tenu de la main droite, tandis que les doigts de la main gauche exécutent le même travail que sur notre guitare. Le manche n'a pas de sillets.

Le mode d'accord ne peut procéder que du système des Grecs,

car nous y trouvons deux tétracordes disjoints, donnant comme sons extrêmes l'octave, et séparés par un intervalle d'un ton, soit :

ré—sol. — la—ré.

Cette guitare qui, comme le *kanoun* semblerait révéler l'existence de l'élément harmonique, n'en exclut-elle pas toute idée, quand on voit un bec de plume qui ne peut frapper qu'une seule corde ?

Selon Diodore, la lyre de Mercure n'avait que trois cordes ; sans doute les deux tétracordes conjoints.

ré—sol—do.

Cependant Boèce appelle tétracorde de Mercure les quatre sons cités plus haut, tandis que Nicomaque en attribue l'invention à Pythagore.

Toujours est-il que le tétracorde avait chez les Anciens le rôle qu'a chez nous l'octave. Nous en avons la preuve tant dans l'indépendance complète de chaque tétracorde, que dans l'existence de la flûte à trois trous donnant quatre sons seulement, et aussi dans les quatre syllabes dont on se servait pour solfier. Ces syllabes étaient, selon Aristide Quintillien, *té*, *ta*, *thé*, *thô;* on les répétait pour chaque tétracorde comme nous en répétons sept pour chaque octave.

Les Tunisiens qui, de même que les Algériens, n'ont plus d'alphabet musical, se servent encore de nos jours des mêmes syllabes pour enseigner à jouer de la *kouitra*.

VIII.

Un fait qui doit exciter l'étonnement général, c'est que les Grecs, dont les connaissances et le goût dans les arts étaient si étendus, n'aient pas deviné les propriétés de l'octave précisément dans cette union de deux tétracordes disjoints. La cause en est peut-être due à la grande quantité de signes qu'ils employaient pour représenter les sons dans chacun des quinze modes dont parle Alypius.

Selon cet auteur, le nombre des signes figurés par les lettres de l'alphabet prises dans différentes positions, s'élevait à plus de seize cents (1).

Les Romains diminuèrent beaucoup cette profusion de signes ;

---

(1) Mamoun, pendant les vingt premiers mois de son règne, n'entendit pas une *lettre*, c'est-à-dire une note de musique, ni une parole de chant. (*Femmes arabes depuis l'Islamisme*, Ch. XXVIII)

cependant, il faut arriver jusqu'à Boèce, pour trouver l'usage de quinze lettres seulement. Dès-lors, la comparaison peut s'établir plus facilement pour les tétracordes, et, Saint-Grégoire considérant que les rapports des sons sont les mêmes dans chaque octave, réduit encore ces quinze signes aux sept premières lettres de l'alphabet qu'il répète en diverses formes dans les différentes octaves (1).

A cette époque, se présente un fait nouveau et d'une grande importance. Je veux parler des sons simultanés dus, sans doute, à l'introduction de l'orgue dans les temples.

Quelques auteurs citent Saint-Damas comme étant l'inventeur de l'orgue ; d'autres le font venir d'Orient.

Toujours est-il que Boèce est le premier qui parle des consonnances de tierces et de sixtes appliquées à la mélodie ; informe bégaiement du contre-point futur, dont le *Déchant* ou *Discant* est la première manifestation, et d'où doit surgir plus tard l'harmonie de Palestrina.

Les consonnances de tierces et de sixtes, improvisées sur une mélodie connue d'avance, étaient ainsi un acheminement vers l'harmonie ; mais avant de formuler la loi de cette nouvelle science, que d'erreurs, que de tâtonnements !

Ce même Boèce, qui rédige au quatrième siècle un traité de musique imité de celui des Anciens, séduit, sans doute, par le charme des sons simultanés, cherche à en introduire l'emploi dans ses tétracordes, mais il n'obtient aucun résultat.

Au milieu du bouleversement général, produit autant par les hérésies que par les invasions des barbares, les hérétiques se font une arme de cette découverte, pour augmenter le nombre de leurs adhérents. C'est alors que les conciles et Saint-Grégoire lui-même, défendent l'usage des instruments dans les églises.

---

(1) Antérieurement à ce fait, une première réforme avait été tentée par Saint-Augustin et Saint-Ambroise. C'est à Alexandrie que le premier avait entendu chanter des hymnes dont la simplicité le frappa d'autant plus que cette simplicité même plaisait davantage aux Africains que la multiplicité des ornements usités dans d'autres diocèses. A Alexandrie, les paroles étaient en langue grecque.

C'est d'Orient, aussi, que Saint-Ambroise avait rapporté à Milan le chant dit Ambroisien.

Toutefois, les modifications introduites par ces deux réformateurs ne portaient que sur la forme des mélodies, principalement pour les enjolivements, et ne changeaient en rien le fond du système.

Le même genre de réforme avait été introduit en Espagne, par Saint-Isidore de Séville.

Cependant l'idée première de l'harmonie existe; elle va germer au sein même du Christianisme, au moyen du *Discant* et de l'orgue. La religion nouvelle, qui a puisé dans le paganisme les principes de son chant religieux, adopte pour son instrument de prédilection la flûte de Pan, dont les roseaux résonneront, non plus successivement, au souffle d'un individu, mais bien simultanément au moyen d'un clavier et d'un soufflet.

Peu à peu, les consonnances de tierces et de sixtes s'introduisent à côté des progressions de quarte et de quinte, déduites du système des tétracordes; les deux systèmes sont en présence et se disputent le terrain avec acharnement, jusqu'au moment où Gui d'Arezzo, développant l'idée de Saint-Grégoire, établit les rapports des *hexacordes* et *pose les bases d'une gamme unique permettant l'usage des sons simultanés.*

IX.

On se ferait une étrange idée du sens de la réforme de Gui d'Arrezzo, en lui attribuant simplement l'invention du nom des notes pris dans l'hymne de Saint-Jean.

Sa véritable découverte, celle qui a conduit à la formule harmonique, consiste dans l'établissement des *rapports des hexacordes*, dans les *muances*, et enfin dans le *bémol*.

Là où Saint-Grégoire avait vu deux tétracordes semblables donnant comme sons extrêmes, l'octave *ré—sol=la—ré*, Gui d'Arezzo procédant par l'application des consonnances harmoniques, reconnut d'abord deux tierces semblables, séparées par un demi-ton et donnant comme sons extrêmes la sixte, l'*hexacorde* : *do-ré-mi=fa-sol-la.*

Puis, appliquant à sa découverte le système des deux progressions arithmétique et harmonique, qui consistait à intervertir la position de deux tétracordes (1) il mit en haut, la tierce qui, dans le premier hexacorde, se trouvait en bas. Il en résulta un second hexacorde ayant un point de départ différent, mais entièrement semblable au premier quant aux rapports des sons entre eux. Ce second hexacorde était, en effet, formé comme le premier, de deux tierces semblables, séparées par un demi-ton : *sol-la-si=do-ré-mi.*

En suivant ce même mode de procéder, il prit la seconde tierce

(1) Nous en avons constaté l'emploi par Saint-Grégoire, dans sa réforme du chant religieux.

du premier hexacorde pour en faire la base d'un nouvel hexacorde, et compléta, au moyen du *bémol* placé sur le premier son de la seconde tierce, les trois hexacordes fondamentaux de son système.

Enfin, appliquant cette découverte, en la précisant dans une étendue de quinze sons seulement, il formula les cinq hexacordes de la loi harmonique, comprenant :

1° Deux hexacordes commençant par la lettre G, nommés *hexacordes de becuadre ou b carré* ;

2° Deux hexacordes commençant par la lettre C, nommés *hexacordes naturels* ;

3° Un hexacorde commençant par la lettre F, nommé *hexacorde de bémol.*

Ce système était applicable à toute l'étendue des sons perceptibles produits par les instruments, dont nous savons déjà que le plus complet comprenait trois octaves et trois notes. La série des cinq tétracordes pouvait se reproduire à l'aigu et au grave, dans les mêmes conditions. (Voir le tableau à la page suivante)

L'hymne de St-Jean explique parfaitement le sens de cette découverte, puisque, bien qu'il soit écrit dans le premier ton du plainchant, il renferme les six notes du premier *hexacorde naturel,* qui est le point de départ du système de Gui d'Arezzo. Chaque vers commence par une note différente, suivant la marche ascendante des degrés de la gamme.

Ut queant laxis
*Re*sonare fibris
*Mi*ra gestorum
*Fa*muli tuorum
*Sol*ve polluti
*La*bii reatum
Sancte Joannes.

Quant aux *muances* pour faciliter le passage d'un hexacorde à l'autre (1), il n'est besoin que de regarder ce tableau avec un peu d'attention, pour se convaincre que leur but était de ramener le chant de toutes les mélodies à une seule et même gamme, comprenant une étendue de six notes.

(1) La muance consiste dans le changement du nom d'une note tout en conservant le même son. Ainsi C–fa du premier hexacorde de becuadre devient C–ut dans le premier hexacorde naturel bien que le son ne change pas.

a				*a*.....la	
g				g.....sol	
f				f.....fa	
e			e....la	e.....mi	
d			d....sol	d.....ré	d....la
c........	....	....	c....fa	c.....ut..2e HEXACORDE NATUREL	c....sol
b			b....mi		b....fa
a		a....la	a....ré		a....mi
G		G....sol.....	G....ut....	2e HEXACORDE DE BECUADRE	G....ré
F		F....fa			F....ut....HEXACORDE DE BÉMOL
	E....la	E....mi			
	D....sol	D....ré			
	C....fa	C....ut......1er HEXACORDE NATUREL			
	B....mi				
	A....ré				
	G....ut.....	1er HEXACORDE DE BECUADRE basé sur la note hypoproslambanomène.			

Sans doute, il y avait encore là une lacune, qui ne fut comblée que plus tard par la découverte de la sensible; mais il n'en reste pas moins évident que la loi de l'harmonie était formulée par Gui d'Arezzo. (1)

(1) Il est à remarquer que le dernier verset *Sancte Johannes* restait disponible pour la note à inventer, note qui commence précisément par la même lettre que lui, S. — *Note de l'Editeur.*

Quant au système des tétracordes, on en garda juste ce qui pouvait concorder avec les principes nouveaux, et la guitare, modifiant son mode d'accord, forma avec les deux systèmes un mélange hétéroclite qu'elle a conservé. La nature exceptionnelle de ce mode d'accord (1), — *trois tétracordes surmontés d'un hexacorde coupé à sa base par une tierce* — semble être le résultat de la fusion des deux systèmes de St-Grégoire et de Gui d'Arezzo.

CHAPITRE V.

Le rhythme. — Le rhythme des Arabes est régulier, périodique. — Rhythme poétique appliqué à la musique et à la danse. — *Tempus perfectum* et *tempus imperfectum*. — Quelques variétés de rhythmes usités chez les Arabes. — Indépendance des instruments à percussion. — Harmonie rhythmique.

I.

La musique, considérée dans son état le plus simple — un bruit régularisé — suppose forcément une mesure. Or, les musiciens arabes jouant à l'unisson, c'est-à-dire, faisant ensemble le même son, la même phrase musicale, doivent chanter et jouer forcément en mesure.

Cette mesure est-elle assez semblable à la nôtre pour que nous puissions en ressentir immédiatement l'influence, ou bien y trouverons-nous encore les différences que nous avons constaté entre notre système harmonique et le système mélodique des Arabes ?

J'ai déjà cité l'*harmonie rhythmique* de la musique du bey de Tunis et celle plus simple produite par les instruments à percussion des Arabes ; cela seul suffirait à démontrer l'existence de la même dissemblance. Cependant, la mesure est aussi rigoureuse dans la musique des Arabes que dans la nôtre ; elle règle les mou-

---

(1) Les sons des cordes de la guitare étaient représentés par les lettres A, D, G, C, E, A

La création d'un diapazon fixe les a changés, sans cependant rien modifier dans son mode d'accord puisque aujourd'hui les cordes de la guitare sont : *mi, la, ré, sol, si, mi*.

vements de la danse ; elle suit l'allure lente ou vive de la mélodie ; elle fait corps avec cette mélodie qui ne peut marcher sans elle. La division rhythmique se reproduit d'une manière périodique, inaltérable dans tout l'accompagnement d'une chanson ; mais cette division, subordonnée probablement, dans le principe, au rhythme poétique, a conduit à des combinaisons étranges pour nous et dont la régularité ne nous frappe pas dès l'abord.

Qu'était le rhythme poétique des anciens ?

Le mélange des syllabes longues et brèves.

Ce rhythme fut évidemment dès le principe appliqué à la musique chez des peuples pour qui *dire et chanter* était la même chose.

De la musique à la danse la transition était facile ; et bientôt, comme le chant n'était plus suffisamment bruyant pour marquer les mouvements des danseurs, ce rôle échut en partage aux instruments à percussion dont la sonorité n'était jamais couverte, même par les cris et les applaudissements les plus enthousiastes (1).

De même que la poésie variait ses accents, la danse varia ses mouvements, et l'application de chaque nouveau rhythme dut se faire presqu'en même temps pour la poésie et pour la danse.

Quand, par suite de ces variantes, qui déplaisaient si fort à Platon, le chant se fût peu à peu dégagé des entraves de la poésie, les instruments à percussion restèrent seuls chargés de maintenir le rhythme, la cithare faisant entendre, ainsi que le dit Plutarque, le même son que la voix. En effet, le chant dégagé de la prosodie avait cependant besoin d'un régulateur. La guitare ne pouvait lui rendre cet office puisqu'elle suivait servilement le chant. Le tambour eût donc pour mission de régulariser le mouvement de la mélodie.

Au lieu du dactyle et du spondée on eut un rhythme à deux

---

(1) Il y avait un batteur de mesure nommé *koruphaios*, choriphée ou *podoctupos*, à cause du bruit qu'il faisait avec les pieds. Ce batteur de mesure portait des sandales de bois ou de fer, ce qui lui permettait de se servir à la fois d'un instrument à cordes avec les mains et d'un instrument à percussion avec les pieds. Les Romains ajoutèrent au bruit des sandales, pour battre la mesure, celui des coquilles, des écailles d'huitres et des ossements d'animaux. Ces nouveaux instruments se jouaient avec les mains, d'où le nom de *manuductor* pour le batteur de mesure.

temps égaux, figurés par deux longues ou par une longue et deux brèves.

Au lieu de l'iambe et du trochée, on eut un rhythme dans lequel les deux temps étaient dans la proportion de deux à un, soit deux longues et une longue, ou bien deux brèves et une brève, et à l'inverse.

Est-ce à l'influence des auteurs satyriques qu'on dut, avec l'emploi plus fréquent de l'iambe, l'application presque constante de ce rhythme à la danse et son nom de *tempus perfectum*, tandis que le rhythme à deux temps égaux (dactyle ou spondée), s'appelait *tempus imperfectum ?*

Ce que je puis affirmer, c'est l'existence du même fait chez les Arabes. Pour eux la musique à trois temps ou plutôt le rhythme ternaire offre beaucoup plus de charme, bien que l'emploi des deux temps égaux s'y rencontre aussi.

Le rhythme marqué par les tambours est généralement soumis au chant comme le *tempus perfectum* et le *tempus imperfectum*, mais quelquefois aussi il semble s'en écarter complètement.

L'esprit d'indépendance qui avait amené la séparation de la poésie et de la musique s'est signalé dans les instruments à percussion ; aussi arrive-t-il souvent que le chant est accompagné par un rhythme qui paraît entièrement opposé à celui que nécessiterait la mélodie. Là, encore, l'*habitude d'entendre* peut seule nous faire distinguer des divisions dans lesquelles le premier temps est au second dans la proportion de trois à deux (1).

Quelquefois, tandis que le rhythme mélodique est de *trois plus trois*, le rhythme du tambour sera de *deux plus quatre* ou, encore, de *deux plus deux plus deux.*

Pour une autre chanson dont chaque mesure sera divisée dans la mélodie en *huit parties égales*, l'accompagnement rhythmique sera de *trois plus trois plus deux* (2).

Qu'on suppose un groupe de chaque espèce d'instruments concourant à l'ensemble d'un orchestre arabe : les guitares, les flûtes et les violons joueront le chant avec les gloses obligées, tandis que, de leur côté, les tambours de différentes dimensions produiront, non pas un seul rhythme, mais un mélange de

---

(1) C'est le rhythme usité en Espagne par les Basques.

(2) Voir les chansons mauresques publiées chez Richault, boulevard Poissonnière, et chez Petit, au Palais-Royal.

plusieurs rhythmes, formant une espèce *d'harmonie rhythmique*, la seule harmonie que les Arabes connaissent et dans laquelle les parties sont tellement enchevêtrées, qu'il faut une très-grande habitude pour y distinguer une certaine régularité (1). Et, cependant, cette régularité existe; chaque batteur de tambour suit exactement le genre de rhythme que lui indique le chef des musiciens (2); le plus ou le moins de divisions rhythmiques étant toujours très-bien adapté au volume de l'instrument.

C'est cette harmonie rhythmique qui constitue le second élément de la musique arabe. Un instrumentiste qui se respecte ne joue pas plus sans son accompagnement de tambour que chez nous un artiste européen ne chante sans piano.

En pareil cas, et généralement dans tout orchestre réduit, la diversités des timbres du tambour de basque produit à elle seule cet accompagnement.

Tel est le rôle des tambours chargés de marquer la mesure, dont je formulerai le caractère ainsi qu'il suit: UN RHYTHME D'ACCOMPAGNEMENT PRESQU'INDÉPENDANT DE LA MÉLODIE, ET DONT LES RELATIONS AVEC ELLE NE SONT FIXES QUE POUR LE COMMENCEMENT DE CHAQUE MESURE.

Mélodie et Rhythme sont donc les éléments constitutifs de la musique arabe, correspondant, quant à l'agencement, aux deux éléments de la musique grecque, Mélopée et Rhythmopée.

CHAPITRE VI.

Effets merveilleux que les Arabes, comme les Grecs, attribuent à leur musique. — Danse du *Djinn*. — *Chanson de Salah Bey*. — Légende *Alfarabbi*. — Quatre autre modes : *Rummel-meia*, *L'sain-sebah*, *Zeidan*, *Asbein*. — *Diabolus in musica*. — L'habitude d'entendre et l'éducation de l'oreille. — La musique soumise aux caprices de l'oreille. — Exagération poétique. — Exemples à l'appui de la loi de l'habitude acquise par l'éducation de l'oreille.

I.

Nous restons impassibles à l'audition de la musique arabe

---

(1) Il y un peu de ce mélange rhythmique dans la séguidille des Espagnols.

(2) « Ibrahim el-Mausely, dit M. Perron, est le premier qui, avec la

que dis-je, impassibles, nous serions tentés de fuir pour éviter un bruit confus de voix et d'instruments qui nous choque.

Le contraire se produit chez les Arabes ; ils s'exaltent aux sons de leurs instruments. Les sentiments les plus divers, ils les expriment avec leur musique à laquelle ils prêtent des effets merveilleux.

Qui n'a vu, en Algérie, ces femmes dansant jusqu'à ce qu'elles tombent épuisées ? Tout-à-l'heure elles étaient tranquilles ; mais, les chanteurs ont fait une modulation à laquelle elles ont d'abord prêté l'oreille, puis cette modulation revenant à chaque couplet de la chanson, on les a vues se lever l'œil hagard, la respiration haletante, remuer un bras, puis une jambe, tourner lentement d'abord, puis plus rapidement et en sautant jusqu'à ce qu'elles tombent, privées de sentiment, dans les bras de leurs compagnes.

Demandez la cause de cette danse effrénée, on vous répondra : le *djenoun*, les *djinns*. Elles sont possédées du démon.

II.

Quelquefois, à l'audition d'une chanson, on verra les larmes couler des yeux de tous les auditeurs. Cela se produit presque généralement avec la chanson de *Salah Bey*.

Voici l'argument de cette chanson :

Salah était bey de Constantine ; le dey d'Alger l'appela sous un prétexte et lui fit couper la tête pour se débarrasser de lui et s'emparer de ses biens.

Cette chanson est divisée en deux parties :

La première retrace les adieux de Salah-Bey à sa famille, les exhortations de ses parents pour l'engager à rester, son voyage, son arrivée à Alger et sa mort

La seconde renferme les lamentations du poète, qui chante les haut-faits et les vertus du personnage.

Les deux parties sont coupées par un récitatif de deux mots :

» baguette à la main, marqua et fit observer la cadence et la mesure » musicale. » Cet Ibrahim était un musicien de la cour d'Haroûn-el-Rachid.

Actuellement le chef des musiciens joue l'instrument principal, violon ou Raïta.

le Bey est mort, répétés deux fois et dits sur un chant si lugubre que cela donne le frisson.

Les premières paroles de cette chanson sont : *Galoû el-Arab galoû*

III.

Citons, comme dernier trait, la légende du célèbre musicien arabe Alfarabbi.

Alfarabbi avait appris la musique en Espagne, dans ces écoles fondées par les Califes de Cordoue et déjà florissantes à la fin du neuvième siècle.

La renommée du célèbre musicien, dit un auteur Arabe, s'était étendue jusqu'en Asie. Le sultan Fekhr ed-doula, désireux de l'entendre, lui envoya plusieurs fois des messagers porteurs de riches présents et chargés de l'engager à venir à sa cour. Alfarabbi, craignant qu'on ne le laissât plus revenir dans sa patrie, résista longtemps à ces offres. Enfin, vaincu par les instances et la prodigalité du sultan, il se détermina à partir incognito.

Arrivé au palais de Fekhr ed-doula, il se présenta dans un costume si déguenillé qu'on lui eût refusé l'entrée, s'il n'eût dit qu'il était un musicien étranger désireux de se faire entendre. Les esclaves, qui avaient ordre d'introduire les poètes et les musiciens, le conduisirent alors auprès du Sultan. C'était précisément l'heure où Fekhr ed-doula assistait à ses concerts journaliers. La pauvreté du costume d'Alfarabbi n'était pas faite pour lui concilier la sympathie ; cependant, on lui demanda de jouer et de chanter.

Alfarabbi eut à peine commencé sa chanson que déjà tous ceux qui l'écoutaient furent pris d'un accès de rire impossible à comprimer, malgré la présence du Sultan. Alors, il changea de mode, et aussitôt la tristesse succéda à la joie. L'effet de ce changement fut tel que bientôt les pleurs, les soupirs et les gémissements remplacèrent le bruit des rires. Tout-à-coup, le chanteur change encore une fois la mélodie et le rhythme, et amène chez les auditeurs une fureur si grande qu'ils se seraient précipités sur lui, si un nouveau changement ne les eût appaisés, puis, plongés dans un sommeil si profond, qu'Alfarabbi eut le temps de sortir du palais et même de la ville avant qu'on pût songer à le suivre.

L'auteur arabe ajoute que, lorsque le Sultan et ses courtisans se réveillèrent, ils ne purent attribuer qu'à Alfarabbi les effets extraordinaires produits par la musique qu'ils venaient d'entendre.

IV.

Appliquons ces effets aux modes que nous connaissons déjà : la joie sera causée par le mode *L'sain*, la fureur par le mode *Edzeil* ; mais la tristesse, le sommeil, et aussi cette danse qui fait dire que les femmes sont possédées du démon ?

Ces effets appartiennent aux modes *Rummel-meia*, *L'sain-sebah*, *Zeidan* et *Asbein*, qui semblent être les derniers restes de ce genre chromatique auquel les Grecs prêtaient un caractère si surprenant (1).

1° Le *Rummel-meia*, dérivé du *Meia* simple, lui emprunte son premier tétracorde ; mais, il modifie le second, dont il élève d'un demi-ton la première corde, produisant ainsi *ré dièze* dans une gamme qui a le *sol* pour point de départ.

2° Le mode *L'sain-sebah*, dérivé du *L'sain*, correspond entièrement à notre gamme mineure avec le *sol dièze*.

3° Le mode *Zeidan*, dérivé du mode *Irak*, lui emprunte son second tétracorde ; mais, il modifie le premier en élevant d'un demi-ton la seconde corde, produisant ainsi *sol dièze* dans une gamme qui a le *ré* pour point de départ.

4° Enfin, le mode *Asbein*, dérivé du mode *Mezmoum* ou Lydien, de ce mode triste et propre à la mollesse que Platon bannissait de sa République, emprunte au *Mezmoum* son second tétracorde, modifiant le sol du premier pour produire *sol dièze*, dans un mode qui a le *mi* pour point de départ.

C'est ce mode *Asbein* (que l'on confond souvent, en Algérie, avec le *Zeidan*) qui fait danser, malgré elles, les femmes possédées du démon. C'est ce mode *Asbein* qui avait bien réellement mérité la qualification de *Diabolus in musica*, qu'on appliqua plus tard au mode *Edzeil*.

Voici à ce sujet la légende arabe :

Lorsque le démon fut précipité du Ciel, son premier soin fut de tenter l'homme. Pour réussir plus sûrement, il se servit de la musique et enseigna les chants célestes qui étaient le

---

(1) Les huit premiers modes, dont j'ai parlé au chapitre III, devaient former le genre diatonique, qui procédait par deux tons et un demi-ton pour chaque tétracorde.

privilége des élus. Mais, Dieu, pour le punir, lui retira le souvenir de cette science, et il ne put ainsi enseigner aux hommes que ce seul mode dont les effets sont si extraordinaires.

L'impression que ce mode exerce sur les Arabes est telle que j'ai vu, à Tunis, un musicien de grand mérite, qui avait été attaché auprès de l'ancien ministre du Bey, Ben Aied, je l'ai vu, dis-je, tomber en extase lorsqu'il jouait sur sa *kemendjah* ses chansons diaboliques en mode *Asbein*.

Pour qu'on n'objecte pas que cet effet est dû à l'exagération religieuse, j'ajoute que ce musicien est juif. Il se nomme *Sahagou Sfoz*. A l'époque où je l'entendis, en 1857, il jouait dans un café du faubourg; c'est le seul violoniste indigène que j'aie vu démancher sur son instrument.

V.

Bien qu'on hésite à évoquer les souvenirs d'Orphée, d'Amphion et de tous ces chantres fameux, pour se les représenter opérant leurs prodiges avec de tels moyens, on ne peut méconnaître le rapport des effets extraordinaires produits par la musique des Arabes avec ceux que les Grecs attribuaient à leur musique.

Mais, si, avec des éléments aussi réduits, on produisait dans l'antiquité des effets que nous ne pouvons pas imiter aujourd'hui; si toute cette science musicale, que les philosophes plaçaient au premier rang parmi les sciences, se résume dans un chant accompagné de tambour; si, chez un peuple appréciateur du beau dans les arts et dans la littérature, les questions musicales étaient renfermées dans un cercle aussi restreint; comment pourrons-nous croire à cette importance que les philosophes attachaient à l'étude de la musique, à ces louanges que lui donnaient les poètes et les orateurs, à ces divisions de sectes prêtes à en venir aux mains, comme il y a trente ans, chez nous, les classiques et les romantiques, ou encore, comme il y a un siècle, les Piccinistes et les Gluckistes ?

Dirons-nous, après tant d'autres, qu'il faut, pour le merveilleux, faire la part de l'exagération poétique, et que les principaux effets de la musique étaient dus à la poésie, à cette langue grecque dont les accents étaient si doux, que dire et chanter était la même chose; rejeterons-nous plutôt la cause de ces merveilles sur l'ignorance et la grossièreté des auditeurs; ou nous résoudrons-nous, comme Rousseau, à penser qu'il est impossible de juger une musique dont nous pourrions avoir la lettre, mais non l'esprit ?

Pour moi, après avoir fait la part de l'exagération poétique, je rappellerai le principe de l'*habitude d'entendre*, ou, si l'on aime mieux, de l'*éducation de l'oreille*, qui doit, à mon sens donner la clef de cette énigme.

« Le plaisir que cause la musique, dit M. Halevy, dans ses *Souvenirs et Portraits*, fait toujours supposer une éducation première, acquise par la seule habitude de l'oreille ou par l'étude de l'art. »

Ce principe de l'*éducation première* ou de l'*habitude d'entendre*, est applicable à tous les degrés de connaissances musicales, comme à tous les genres de musique.

Nous savons déjà que les premières lois étaient des chansons ; or, si le chant exista au même moment que la parole, il nous faudra bien reconnaître que les premières règles musicales ne furent que l'expression d'une habitude déjà prise.

A mesure que les premiers sons avaient été appréciés, on dût les classer dans un système renfermé d'abord dans un seul tétracorde ; mais, chaque nouvelle extension du système des sons pour le classement de différents tétracordes, suscita des oppositions.

C'était une nouvelle habitude à prendre, un nouveau travail pour l'éducation de l'oreille ; c'était presque une révolution, et les sages cherchaient à l'éviter.

Terpandre fut banni de la république parce qu'il avait ajouté une corde à la lyre.

Timothée de Milet fut sifflé lorsqu'il parut pour la première fois en public avec sa cithare garnie de onze cordes ; quelque temps après on le considérait comme le premier musicien de son époque.

Sur quoi repose la querelle des Pythagoriciens et des Arystoxéniens, sinon sur cette loi de l'*habitude d'entendre ?* Arystoxène s'en remettait à l'oreille du soin d'accepter ou de rejeter les combinaisons mélodiques. Pythagore, lui, voulait assujettir ce jugement à des lois précises, et, sous le prétexte de conserver le beau, il posait à l'art musical ses colonnes d'Hercule, et lui disait : Tu n'iras pas plus loin ?

Est-ce à ces entraves mêmes qu'on doit le progrès accompli par suite de la scission opérée entre la musique théorique et la musique pratique ?

Je le croirais d'autant plus volontiers, qu'à dater de ce moment, la musique semble ne plus accepter d'autres règles que celles basées sur les sentiments qu'elle éveillait. Dès lors, soumise aux caprices de l'oreille, et en raison de l'habitude acquise, elle accepta ce qu'elle avait rejeté la veille.

C'est ainsi que chacun des faits extraordinaires de l'histoire de la musique chez les Anciens, s'expliquera par une extension de la somme des connaissances acquises, et à l'inverse.

Ce Timothée, dont je parlais tout-à-l'heure, qui augmentait le nombre des cordes de la cithare et introduisait la *Glose* dans le chant, aurait-il produit avec ses onze cordes des effets semblables à ceux que produisit Amphion avec sa lyre garnie de quatre cordes seulement ? Eût-il comme lui charmé les travailleurs qui relevaient les murailles de Thèbes ?

On ne l'eût peut-être pas sifflé, comme cela lui arriva à Athènes, mais, en raison de l'extension qu'il donnait au système musical, par l'emploi de la guitare à onze cordes et par la *Glose* ajoutée au chant, les travailleurs de Thèbes, ne pouvant ni comprendre sa manière de chanter, ni apprécier cette étendue de sons toute nouvelle et complètement en dehors de « leur éducation première, acquise par la seule habitude de l'oreille, » ou ne l'eussent pas écouté ou bien l'eussent pris pour un fou.

Prenons un autre exemple à une époque déjà plus rapprochée de nous. Examinons les progrès accomplis par notre système harmonique depuis le treizième siècle jusqu'à nos jours, et cherchons à nous rendre compte de l'effet que produirait sur nous une des *chansons organisées* par Jean de Murris, l'inventeur des blanches et des noires (XIIIme siècle).

Renversons les termes de la question et supposons Jean de Murris assistant à une représentation d'un opéra ou à l'exécution d'une symphonie de Beethoven.

Considérée à toutes les époques, cette question se résoudra de même.

Orphée, Terpandre, Amphion possédaient les connaissances musicales de leur temps ; outre qu'ils étaient au premier rang parmi les chanteurs, ils contribuaient encore au progrès, en augmentant graduellement la somme de ces connaissances. De cette extension viennent les effets merveilleux attribués par les Grecs à leur musique. Ces effets, j'en ai constaté l'existence chez les Arabes, à qui ils ont transmis leur système musical. Il n'est donc pas étonnant de les voir se reproduire encore à présent chez un peuple resté stationnaire depuis plusieurs siècles, et dont le système musical, je ne saurais trop le répéter, est évidemment le même que celui dont on se servait en Europe avant la découverte de Gui d'Arezzo.

Ai-je besoin, pour faire la part de l'exagération poétique, de rappeler les légendes qui, de notre temps, ont couru sur Paganini ?

Quant à l'acceptation du nouveau en musique, on pourrait citer les plus célèbres de nos compositeurs, Rossini, Meyerbeer, Beethoven, Mendelsohn, et tant d'autres, qui, chacun dans son genre, mais toujours en raison du développement qu'ils donnaient à la formule harmonique, ont eu à subir ou subissent encore le sort de Timothée.

RÉSUMÉ. — CONCLUSION.

Il me faut, maintenant, indiquer les conséquences à tirer de cette étude de la musique arabe comparée à la musique grecque et au chant grégorien.

Résumons d'abord l'ensemble des faits avancés, la conclusion en découlera naturellement.

Nous avons vu qu'à l'origine de tous les peuples, la première loi a été formulée en chansons. Selon Strabon, dire et chanter était la même chose.

La classification des sons apparaît avec Orphée et Mercure. Jusque-là, les sons n'étaient pas régularisés ; on n'avait pas établi la distance fixe entre un premier son et un second ; le système n'existait pas, et cette découverte parut si merveilleuse qu'on l'attribua aux Dieux.

Le système est indiqué par la lyre d'Orphée ou par celle de Mercure. La longueur ou la grosseur des cordes donne une succession de sons fixes imitée bientôt dans les instruments à vent par la gradation des tuyaux de la flûte de Pan.

C'est là le point de départ développé peu-à-peu et formulé d'une façon plus complète dans le système de Pythagore, en raison et par suite du développement même du sens auditif.

Le système de Pythagore n'admet pas plus de quatre sons pour le principe, mais il les reproduit toujours par série de quatre dans l'étendue des sons perceptibles produits par les voix ou par les instruments. De là vient le changement de point de départ pour chaque tétracorde, bien que la position des demi-tons soit maintenue régulièrement entre les deux mêmes sons.

Nous n'avons rien eu à mentionner des Romains, car chez eux le culte des arts ne s'est développé qu'à la fin de la République. Il fallait donc chercher ailleurs qu'à Rome les destinées et les progrès des arts et de la musique en particulier. C'est ainsi que nous avons passé des Grecs aux Chrétiens, du tétracorde de Pythagore au tétracorde de Saint-Grégoire, pour arriver à l'hexacorde de Gui d'Arezzo.

J'ai indiqué le rôle de St-Augustin et surtout celui de Boèce dans cette période. Le système des sons simultanés devait paraître alors incompatible avec la mélodie basée sur les tétracordes. Aussi, est-ce bien le système de Pythagore, pur de tout alliage, qui passe aux Arabes en même temps qu'il devient la base de la réforme faite dans le chant religieux par Saint-Grégoire. « Mais, dit M. Villemain dans le *Tableau de la littérature au moyen-âge*, de même que la langue latine se modifiait au contact de la prononciation des Barbares, la musique dut perdre ses intonations les plus douces. »

C'est ainsi qu'en Europe le plain chant, et avec lui la musique profane, ne conservent que le genre diatonique. Quant aux genres chromatique et enharmonique, on en trouvera peut-être quelques vestiges chez les peuples d'Asie et d'Afrique.

« N'est-ce pas par les ordres d'Haroun-el-Rachid et de son fils Mamoun que furent faites, d'après les écrits des philosophes grecs, hébreux et syriens, la plupart des traductions dont la connaissance devint si précieuse aux chrétiens, et pourrait-on nier l'influence puissante que les Arabes ont exercée sur les chrétiens jusqu'au XVe siècle, soit par la force des armes, soit par celle de l'intelligence ? » (1)

D'après Ginguené et Sismondi, la littérature provençale est une

(1) Delécluze. — *Dante et la Poésie amoureuse*.

perpétuelle imitation de la littérature arabe. Si la musique des chrétiens a apporté en Europe la littérature arabe-hébraïque, l'invasion arabe doubla l'action de ce moyen à l'aide de la *gaye-science*, la science des Trouvères et des Troubadours.

« Qu'étaient les Troubadours ? (1) Des hommes de guerre, pour la plupart, quelues-uns des seigneurs de châteaux ; d'autres des gens d'esprit du temps, qui, animés par leur nature musicale de méridionaux, favorisés par cette langue sonore et métallique, et redisant avec verve la pensée populaire, tour à tour attaquaient ou célébraient dans leurs chansons les seigneurs du voisinage..... »

« Le troubadour faisait des vers et souvent les chantait lui-même ; mais il était suivi d'un ou deux jongleurs qui avaient pour mission spéciale de chanter et de réciter des histoires de chevalerie. »

« Girard de Calanson, dans une pièce de vers où il donne les préceptes de son art, recommande d'abord de savoir bien *trouver*, bien rimer, bien parler et proposer hardiment un *jeu-parti* (2). En outre, dit-il, il faut bien jouer du tambour et des cymbales, faire retentir la symphonie, jeter des petites pommes et les retenir adroitement sur la pointe d'un coûteau ; imiter le chant du rossignol, faire des tours avec des corbeilles, simuler l'attaque des châteaux et traverser en sautant quatre cerceaux, jouer de la citale et de la mandore, manier la manicarde et la guitare, jouer de la harpe et bien accorder la gigue pour égayer l'air du psaltérion. »

Souvent cependant, le trouvère, qui devait savoir tant de choses, ne savait pas même écrire, et les paroles comme la musique de ses chansons se transmettaient à l'audition. De là, la nécessité d'une poésie courte et qui dut bientôt être divisée en couplets avec un refrain distinct. Fauriel en donne un exemple dans le *Récit en vers de la croisade contre les hérétiques albigeois*, qui contient l'indication suivante : *Seigneurs, cette chanson est faite de la même manière que celle d'Antioche, et pareillement versifiée, et se dit sur le même air pour qui sait la dire.*

Ce fait vient à l'appui de l'opinion de M. Villemain lorsqu'il dit :

(1) Villemain. — *Tableau de la littérature du moyen-âge.*

(2) On entendait par *jeu-parti* une chanson improvisée par deux voix alternant en forme de demande et de réponse. C'était en petit le double chœur chantant la strophe et l'anti-strophe.

« J'imagine que les chants arabes et espagnols avaient pu donner, par la musique même, le type de cette poésie provençale si rigoureusement asservie dans ses mètres. »

On voit par là que, si à cette époque dire et chanter n'était plus la même chose, la poésie était cependant encore inséparable de la musique, qui réglait la mesure des vers.

La musique, avec ses tentatives d'harmonie connues sous le nom de *Discant*, donnait naissance au *Discort*, pièce de vers qui réunissait un peu de toutes les langues, italien, provençal, français, gascon, espagnol, etc.

Est-il besoin d'ajouter que les croisades, renouvelant constamment les relations des Européens avec les Maures, établissaient un échange continuel dans la langue et les connaissances scientifiques et littéraires des deux races?

Mais, tandis que les Maures restaient stationnaires, les peuples d'Occident, après s'être assimilé les connaissances des Orientaux, les développaient dans un autre sens, et nous avons vu comment le système musical fut singulièrement modifié et agrandi par la découverte de Gui d'Arezzo. Dès lors, la musique, se faisant calme et grave en Occident pour développer plus à l'aise le principe harmonique, abandonnait aux Musulmans la glose et les enjolivements qu'ils ont conservés.

Les chanteurs arabes doivent encore savoir une grande partie de ce qu'on exigeait du Trouvère, et si on ne retrouve pas chez tous les talents spéciaux qui semblaient être réservés aux jongleurs, on comprendra comment ce personnage a pu être remplacé dans les fêtes mauresques par un bouffon d'un autre genre qu'il suffira de nommer; je veux dire Garagous, le polichinelle indigène, dont les grosses plaisanteries sont toujours si bien accueillies de la population musulmane.

II

Disons, maintenant, quelles conséquences nous tirerons de cette étude de la musique arabe, examinée dans ses rapports avec la musique grecque et le chant grégorien.

Jusqu'au quatorzième siècle, on s'est servi de douze gammes différentes, chacune de ces gammes donnant à la mélodie un caractère particulier.

A dater du quatorzième siècle, on a abandonné ces gammes pour n'en conserver qu'une comme base du système harmonique. Plus tard, on en a repris une seconde, la gamme mineure, qui n'existe qu'à l'état de dérivé de la première, et ne peut, harmoniquement parlant, marcher sans elle.

Ainsi, antérieurement au quatorzième siècle de Jésus-Christ, la musique n'est que mélodie, mais cette mélodie se développe dans *douze gammes ou modes d'un caractère différent.*

Au moment où surgit l'élément harmonique formulé dans le système d'hexacorde de Gui d'Arezzo, on abandonne ces douze gammes; puis, lorsque déjà l'harmonie a agrandi son action, et sans doute aussi par suite de la découverte de la note sensible, c'est-à-dire vers le dix-septième siècle, on reprend une seconde gamme, un second mode dont la mélodie a un caractère spécial, nécessitant une harmonie spéciale aussi.

Or, ces deux gammes, qui correspondent à nos modes *majeur* et *mineur*, ayant fait partie des modes du système mélodique usité antérieurement au quatorzième siècle, n'est-on pas en droit de penser que, dans les dix autres modes abandonnés à la même époque, il y a à prendre, sinon tout, au moins quelque chose, et que ce quelque chose aiderait au développement de notre système harmonique?

Pour nous, il n'y a pas là le moindre doute, et cependant, au moment de terminer ce travail, nous nous demandons si les sympathies qu'il a éveillées chez quelques personnes trouveront un écho dans le monde musical. Nous nous rappelons les sarcasmes qui ont accueilli les Meybomius et les Burette dans leurs essais de musique grecque; et, sans nous abriter derrière une fausse et inutile modestie, nous avouons n'avoir pas l'espoir de faire partager à nos lecteurs la conviction qui nous anime.

Sans doute, on nous objectera que les effets de la musique arabe sont connus et qu'on a pu les juger notamment dans *le Désert* de M. Félicien David.

Nous dirons, nous, que c'est là une erreur très-grande. M. David a fait le contraire de ce que nous demandons; il a modifié la mélodie arabe pour lui appliquer notre système harmonique, renouvelant ainsi pour son œuvre ce qu'on fait tous les jours avec le plainchant.

Nous voudrions, au contraire, qu'on appliquât un système harmonique approprié à la gamme de chaque mode, sans altérer le caractère de la mélodie. Là, croyons-nous, est la source d'une nouvelle richesse harmonique, dont l'emploi pourrait se combiner avec celles que nous avons déjà.

De même que le mode mineur a une harmonie spéciale, il faut en adapter une à chacun des modes que nous signalons.

Un travail dans ce sens aurait pour résultat immédiat de ramener le plainchant à sa vraie voie, et ferait cesser la confusion apportée dans le chant religieux par le mélange du principe mélodique, qui est la base du système de Saint-Grégoire, avec le principe harmonique auquel on veut le plier et qui n'arrive qu'à le défigurer (1).

Quant à l'application d'un semblable système à notre musique profane actuelle, nous ne saurions en affirmer la possibilité, le temps et l'expérience pouvant seuls démontrer jusqu'à quel point les ressources de la mélodie antique, alliée à une harmonie spéciale, seraient compatibles avec nos habitudes musicales.

Quoi qu'il en soit, nous pensons qu'il y a dans notre travail quelques points d'histoire, je dirais presque d'archéologie musicale, qui peuvent offrir quelqu'intérêt; et, si l'on vient nous dire que le tétracorde de Pythagore et l'hexacorde de Gui d'Arezzo ne renouvelleront pas chez nous la querelle des Gluckistes et des Piccinistes, nous n'en croirons pas moins que l'étude du passé donne souvent le vrai du présent et permet de conjecturer l'avenir.

---

(1) Je ne peux, à ce sujet, que renvoyer le lecteur aux précieuses indications données par Niedermeyer, dans son livre de *l'Harmonie appliquée au plainchant*.

Alger. -- Typ. Bastide.

APPENDICE

ESSAI

SUR L'ORIGINE ET LES TRANSFORMATIONS

DE QUELQUES INSTRUMENTS.

ESSAI

SUR L'ORIGINE ET LES TRANSFORMATIONS

DE QUELQUES INSTRUMENTS.

Le travail qui suit a été publié, en 1858, à Madrid, dans la *Espana artistica*, alors que je n'avais pas encore réuni tous les renseignements nécessaires pour mon étude de la musique arabe.

Il m'a semblé que, malgré les répétitions inévitables en pareil cas, il y avait dans cet essai des développements qui pouvaient offrir quelque intérêt. A cause de leur caractère spécial, ces développements n'avaient pu trouver place dans mon travail de musique indigène, auquel, cependant, ils se rattachent par tant de points, dont ils sont en quelque sorte le complément.

C'est à ce titre que je les transcris ici, renvoyant le lecteur curieux au texte original de la *Espana artistica*, n°s 38, 40, 44 et 45.

I.

Qui tend à prouver que le premier chef d'orchestre connu a succédé à une écaille d'huître.

Il me serait difficile de fixer l'époque précise de cette transformation ; mais, si le lecteur veut bien suivre mon raisonnement, il comprendra comment, sans qu'il soit nécessaire de donner une date certaine, il est possible d'arriver à cette conclusion.

Voyons, d'abord, s'il y avait, chez les anciens, cet ensemble d'instruments différents qui forme un orchestre.

David jouait de la harpe, et quelques écrivains portent à trente-six le nombre des instruments dont on se servait à cette époque.

Salomon réunissait dans le temple 4,400 musiciens, dont les trois quarts jouaient des instruments à vent, tels que trompettes, sampunia ou cornemuses, flûtes, conches sacerdotales, etc.

Voilà bien l'orchestre, avec ses timbres variés, orchestre bruyant sans doute, surtout si, comme j'ai lieu de le croire, les sampunia étaient de même nature que les musettes des Arabes.

Mais, dans tout cela, il n'est pas question d'un chef quelconque.

Les Grecs, eux aussi, avaient un orchestre varié, bien qu'il n'y eut pas, chez eux, de musique purement instrumentale Mais, l'un des deux principes sur lesquels reposait leur musique, la *Rhythmopée*, ou science du rhythme, comprenait aussi la *science des mouvements muets* appelée *Orchesis*.

Il y avait, dit Burette, un *batteur de mesure* placé au milieu du chœur des musiciens. On l'appelait *Koruphaios*, choriphée, ou mieux encore *Podoctupos*, à cause *du bruit qu'il faisait avec les pieds*.

C'est qu'en effet ce batteur de mesure portait des sandales de bois ou de fer, ce qui lui permettait de se servir d'un instrument chantant avec les mains, en même temps qu'il battait la mesure avec les pieds.

Plus tard, les Romains ajoutèrent au bruit des sandales, pour marquer le rhyhme, celui des *écailles d'huîtres* et des ossements d'animaux. Ces nouveaux instruments se jouaient avec les mains, d'où le nom de *manuductor* pour le batteur de mesure.

Les Maures, plus délicats sans doute, transformèrent les écailles d'huîtres en castagnettes de fer ; les Espagnols les perfectionnèrent encore en les faisant en bois.

Mais, tandis que ces transformations avaient lieu en Afrique et en Espagne, la mesure tombait dans l'oubli sous l'influence de l'invasion des Barbares. D'un autre côté, le christianisme, en s'appropriant les mélodies de la musique grecque et romaine, avait banni des cérémonies religieuses les instruments à percussion.

Le plainchant ôtait à la mélodie toute idée de rhythme et de prosodie, et jusqu'à Gui d'Arezzo, qui formula le système harmonique des hexacordes, le chant se traîna uniformément et sans aucune espèce de mesure

Les troubadours apportèrent bien dans la musique profane une modification sensible pour le rhythme ; mais ils dédaignèrent les castagnettes, et ne conservèrent, des instruments apportés d'Orient après les croisades, que le tambour de basque, — *taar*, — et le rebec ou *rebab*.

Dans toute cette période, il n'est plus question de batteur de mesure.

Il faut arriver à François Ier pour citer un fameux violoniste, qui reçut le titre de roi des violons. L'histoire n'a pas conservé le nom de ce premier chef d'orchestre. Le plus ancien qu'on puisse citer est Lulli, qui reçut de Louis XIV le titre de roi des violons, et celui de maître des ménétriers.

Il obtint, de plus, le privilége de l'Opéra en 1672. Ce fut lui qui, avec Monteverde de Lombardie et Viadana de Lodi, forma le premier orchestre dans le sens moderne, composé de plusieurs musiciens jouant à *plusieurs parties écrites* (1).

A dater de ce moment, le bruit n'était plus nécessaire pour indiquer les mouvements et le rhyhme ; le geste suffisait : *orchesis*.

Les castagnettes, dont on avait fait les timbres du tambour de basque, furent abandonnées aux jongleurs et aux baladins.

Le chef d'orchestre, roi des violons, prit pour sceptre l'archet du commandement.

Et voilà comment les castagnettes, succédant aux écailles d'huîtres, ont été réléguées dans le domaine de la danse par ceux-là même qui leur devaient leur importance musicale, et comment aussi elles ont été remplacées dans la musique moderne par un chef d'orchestre, *manuductor*.

---

(1) On a pu apprécier l'effet de cet orchestre en 1849, à Paris. Les comédiens du Théâtre Français, à l'occasion de l'anniversaire de la naissance de Molière, représentèrent sur la scène du Grand-Opéra *le Bourgeois Gentilhomme* avec ballet, musique de Lulli.

L'orchestre se composait du quatuor et de quelques instruments à vent jouant presque toujours à l'unisson

Cependant la musique de Lulli fut toute une révolution, bien qu'on connut déjà l'opéra en Italie depuis longtemps.

Le premier dont il est fait mention est *Daphne* qui fut représenté en 1597 à Florence. Octave Rinnucini fit le poëme et Jacques Peri y appliqua une déclamation notée qui n'avait de la musique que le nom. Les instruments à pecussion y tenaient un rôle important, notamment le tambour de basque.

II.

D'une tortue à un piano.

Nihil novum sub sole, disent quelquefois les antiquaires; rien de nouveau sous le soleil, — et partant de cet axiôme ils vont cherchant, compulsant, pour prouver qu'après le déluge — pour ne pas dire avant — la somme des connaissances humaines était aussi complète qu'à présent. Une inscription découverte, un hyéroglyphe déchiffré, un texte traduit, commenté de mille manières, tout est matière à investigations sur ce sujet, et heureux, bien heureux celui qui peut apporter une nouvelle preuve à l'appui de son axiôme favori.

Loin de nous la pensée de faire cause commune avec ceux-là quant au résultat final.

Si nous cherchons à remonter — dans notre spécialité — à l'origine des choses, ce n'est pas dans le but de glorifier le passé pour dédaigner le présent; nous voulons, au contraire, suivre ces grands courants de la civilisation qui, comme autant d'anneaux d'une même chaîne, se renouent dans l'histoire pour montrer aux peuples la marche toujours ascensionnelle de l'humanité vers la perfection.

En un mot, nous cherchons l'origine pour établir le progrès.

On ne s'étonnera donc pas si nous parcourons la même route pour l'étude de chaque instrument, puisque la musique, unie à la poésie, apparaît avec elle et se déplace selon que la civilisation progresse chez les différents peuples qui nous l'ont transmise.

C'est ainsi que nous voyons dès la plus haute antiquité les poètes et les musiciens prendre pour emblême la lyre, type générique des instruments à cordes.

On croit généralement que la guitare a succédé à la lyre antique, et comme preuve on cite David jouant de la harpe en dansant devant l'Arche.

Disons d'abord que cette citation porte entièrement à faux, ainsi que nous l'établirons en parlant spécialement de la harpe qui, même à l'époque de David, n'avait déjà presque plus rien de commun avec la guitare.

Que les deux instruments dérivent de la lyre, nous ne le contestons pas; mais nous pensons que tous deux suivirent une marche bien distincte et que, en ce qui concerne la guitare, ce fut l'instrument connu des Grecs sous le nom de *Kithara* et qui avait conservé la forme première de la lyre.

On sait que ce fût Mercure, selon les uns, Orphée, selon les autres, qui inventa la lyre en faisant résonner sous ses doigts les nerfs d'une tortue desséchée au soleil. Or, cette forme concave de la carapace de la tortue, les Grecs l'avaient conservée à la kithara ; ils la transmirent aux Romains, chez qui la dénomination de *lyra* était commune à tous les instruments à cordes, et celle de *tibia* à tous instruments à vent.

La *kithara* eut donc le mérite de conserver plus que les autres la forme primitive.

Elle était montée d'abord de trois cordes, — sans doute les deux tétracordes conjoints, — puis, en raison de l'extension progressive du diagramme, on en ajouta plus tard une quatrième formant les deux tétracordes disjoints et donnant comme sons extrême, l'octave.

L'ensemble de l'accord était donc, suivant le mode dans lequel on devait chanter :

ré—sol—la—ré,

ou bien :

mi—la—si—mi,

d'après les divisions que Pythagore lui-même enseignait comme première déduction, c'est-à-dire dans les proportions de 1/2, 1/3 et 1/4.

Cette guitare, avec sa forme concave, est encore en usage chez les Arabes avec les différents modes d'accord qui se rapportent aux tétracordes du système pythagoricien.

Son nom, en Algérie, est *Kouitra* ; mais il se modifie selon les dialectes, plus doux à Tunis et surtout à Alexandrie où le *t* prend la prononciation du *th* des anglais ; plus dur, au contraire, du côté du Maroc où on l'appelle simplement *kitra*.

De la *kitra* des marocains à la *guitarra* des espagnols la différence est peu sensible, et nous pourrons conclure de ces analogies que si la *kithara* fut apportée en Espagne par les Romains, l'usage n'en fut pas d'abord très-généralisé par suite de la décadence de l'Empire. Alors les sciences et les arts se réfugièrent au sein du christianisme, et les hérésies faisaient rejeter des cérémonies religieuses les instruments dont l'emploi contrastait avec la simplicité du nouveau culte.

Trois siècles après la réforme musicale de saint Augustin,

l'orgue était le seul instrument reconnu digne d'accompagner les cantiques ; et tandis que Constantin Copronyme envoyait à Pépin-le-Bref le premier orgue qui parut en Occident, la domination arabe ramenait en Espagne, avec la poésie et la danse, leur accompagnement obligé, la guitare.

Nous ignorons de quelle époque date le changement qui s'opéra dans la table inférieure qui, de concave qu'elle était, devint plate comme la supérieure ; mais ce changement dut avoir lieu probablement lorsqu'on ajouta deux cordes aux quatre déjà connues, c'est-à-dire lorsque le diagramme étant augmenté et les lois premières de l'harmonie connues, bien que non encore formulées, le système ancien, — le tétracorde — dut composer avec le nouveau, — l'hexacorde.

De là, croyons-nous, vient ce mode d'accord qui paraît si étrange, formé qu'il est de trois tétracordes conjoints, — *mi* — *la* — *ré* — *sol* surmontés de l'hexacorde coupé par la tierce *sol* — *si* — *mi*, premier indice de l'harmonie que l'oreille avait trouvé dans le *Discant.*

La guitare résumait ainsi l'élément harmonique et, à ce titre, elle reçut différentes modifications et aussi différents noms appropriés à leur caractère, théorbe, mandore, colachon, etc.. .. Remarquons, toutefois, qu'on la trouve, au XVIe siècle, en Angleterre et en France, sous la dénomination presque égyptienne de *Cisthra*, *Cisthre*.

Malgré ces perfectionnements, la guitare ne suffisait plus au développement du système harmonique, et ce fut dans son union avec l'orgue qu'on trouva les éléments de l'instrument qui devait la remplacer. L'orgue donna son clavier, la guitare mauresque donna son plectrum (bec de plume avec lequel on frappait les cordes), et de cette union naquit le *clavicembalum*, et plus tard le piano, qui substitua au plectrum le système des marteaux.

En vain, la guitare voulut-elle faire assaut de sonorité en mettant, comme le clavecin, deux cordes pour chaque son ; ses six cordes doublées durent s'incliner devant le clavecin, dont les touches semblaient se multiplier, et elle ne trouva de refuge qu'en Espagne, où la chanson et la danse nationales ont conservé, en grande partie, le genre arabe, qui leur était commun.

Toutefois, la forme nouvelle a subsisté, et il n'est resté de l'ancienne qu'un échantillon tronqué, assez répandu encore sous le nom de *Banduria* (mandoline), et dont les sons trop aigus, formés par un bec de plume qui frappe les cordes, agissent sur le système nerveux beaucoup plus qu'ils n'éveillent de sensations agréables.

Est-ce à un respect exagéré des vieilles traditions que nous devons de voir encore, dans certains cafés de Madrid, la guitare et le piano se faire les humbles accompagnateurs de la Banduria ; ou bien, ce rapprochement est-il dû à la ténacité d'un antiquaire qui voudrait justifier son axiôme favori : *Nihil novum sub sole?*

III.

D'un roseau à un diapason.

Il y a quelques jours, j'allai chez un fabricant d'instruments de musique, pour lui demander quelques renseignements. Il était sorti ; mais on m'assura qu'il ne tarderait pas à rentrer, et, en l'attendant, j'examinai les vitrines, garnies de ces précieux produits que notre siècle a tant perfectionnés. C'étaient des flûtes, des violons, des tambours ; enfin, un assortiment complet. Pendant que j'admirais comment l'esprit humain a su tirer de si peu d'ineffables jouissances, il me sembla entendre un bruit étrange, et dont le sens m'était inconnu. Je crus un moment être le jouet d'une illusion ; mais bientôt ce bruit devint plus perceptible, et je pus me convaincre qu'une discussion s'était élevée dans ce milieu harmonieux.

— Eh quoi? disait un hautbois de sa petite voix aigre et perçante, vous êtes bien fière, flûte ma mie, parce que vous faites remonter votre généalogie jusqu'aux temps mythologiques? Pensez-vous que vous soyez la seule à avoir une origine aussi ancienne, bien que douteuse? En vérité, vous avez bien plus d'orgueil que les hommes, nos maîtres, qui ne remontent que jusqu'aux croisades. Mais, quand cela serait, encore une fois, vous n'êtes pas la seule.

— Taisez-vous, petit criard ! répondit la flûte sur un ton doucereux et calme ; n'ayez donc pas l'air d'ignorer que le dieu Pan fut mon père.

— Oh ! cela, on le dit, mais personne ne peut l'affirmer. Ne jaunissez pas tant de colère, c'est inutile. Nous savons tous qu'en penser.

— Oui, oui, reprirent les autres en chœur, nous savons qu'en penser.

— D'ailleurs, reprit le hautbois tout fier de l'adhésion de

ses camarades, vous avez bien changé depuis ; alors, vous aviez, dit-on, plusieurs membres distincts, tandis qu'aujourd'hui vous êtes comme nous tous, vous n'en avez plus qu'un.

— Osez-vous bien vous comparer à moi, s'écria la flûte avec colère, vous qui étiez alors formé du *tibia* d'un âne.

Le hautbois voulut l'interrompre, mais la flûte ne lui en laissa pas le temps et continua :

— Oui, vraiment, le tibia d'un âne, voilà votre origine. Et depuis longtemps je servais à accompagner les chants des sacrifices et les hymnes en l'honneur des Dieux, que vous n'étiez pas encore né. D'ailleurs, n'est-ce pas à mon image que vous avez été fait ? Lors de la transformation à laquelle vous faites allusion je n'avais que quatre sons pour chanter ; mais bientôt les pasteurs, charmés des plaisirs que je leur procurais, en augmentèrent le nombre et j'en avais déjà huit lorsque....

— Et voilà qui prouve en notre faveur, interrompit le hautbois. Je suis né parfait ; et si on ne m'a pas employé comme vous pour ce dont vous vous énorgueillissez, je puis, moi, compter parmi mes admirateurs tous ceux que ma voix entraînait au combat. Vous calmez et j'excite, voilà la différence. Mais qu'est le calme dans la vie, s'il vous plait ? Combien de jours de trouble pour un moment de repos ? L'excitation, n'est-ce pas la vie même de l'homme, et ne la cherchait-il pas avec moi jusque dans ses jeux où, comme dit mon bien-aimé poète Ovide, j'imitais les sifflements du serpent ?

— J'admire votre citation, reprit la flûte, en remuant ses clefs avec un bruit de rire. Parce qu'une fois il a pris fantaisie à Ovide de parler de vous, vous ne pensez pas que ce même poète vous a oublié dans son *Art d'aimer*. D'ailleurs, n'ai-je pas encore en ma faveur Virgile et Horace qui valent bien au moins autant qu'Ovide. Tenez, laissons-là les poètes et ne voyons que les faits.

Vous disiez tout-à-l'heure que nous ne devions, comme les hommes nos maîtres, ne remonter qu'au temps des croisades. Eh bien ? nous étions là tous deux, et si vous serviez à exciter au combat les preux chevaliers, je venais à mon tour les calmer en leur rappelant les chants du foyer.

La vie n'est qu'excitation, disiez-vous ; mais combien ne donnerions-nous pas de jours passés dans le trouble pour ce moment de repos que vous avez l'air de déprécier.

Laissons la guerre et les croisades, revenons en Europe. Vous êtes avec les guerriers, soit ; mais, moi, dans la main de tous les Troubadours, je reste leur compagne inséparable et je chante dans le palais et la chaumière les haut-faits de ceux que vous avez accompagnés dans la bataille.

Vous les tuez et je les immortalise ; lequel de nous deux a le meilleur rôle ?

D'ailleurs, je n'ai pas oublié ma première forme et je n'en rougis pas, car on se sert encore de moi pour former l'orgue, l'instrument religieux par excellence. Oh ! ne m'interrompez pas ; je sais ce que vous allez me dire. Vous aussi, vous avez coopéré au développement de l'orgue, j'en conviens, mais depuis quand ?

Une longue rumeur accueillit ces dernières paroles de la flûte. Quand enfin le calme se fut un peu rétabli, j'entendis comme trois voix qui parlaient en même temps. C'était la triple clarinette qui voulait aussi établir sa généalogie, mais un *couac* qui survint fit que ses voix furent couvertes par les huées de l'assemblée.

— Silence, dit enfin un basson, silence, mes amis ; n'apportons pas la discorde là où l'on ne doit trouver que l'harmonie. Ne remontons pas si haut dans l'histoire pour établir nos droits.

— C'est vrai, très-bien, crièrent les clarinettes et le hautbois. Ne remontons pas si haut, c'est inutile.

— Eh bien, dit le basson, cherchons quel est celui d'entre nous qui a le plus d'influence dans l'orchestre.

— Moi, moi, moi, s'écrièrent-ils tous à la fois.

— Vous ne m'avez pas compris, reprit le placide basson. Je vous demande sur lequel d'entre nous se règle l'accord dans les orchestres.

Le hautbois triomphait et déjà tous les instruments se rangeaient de son côté quand la flûte s'écria :

— Un moment. J'admet que nous sommes tous égaux devant la loi du jour, la loi du progrès, mais il a accord et accord.

— Vous ne pouvez pas nier que ce soit moi qui donne le ton, dit le hautbois.

— Et pourquoi le donnez-vous ?

— Parce que je ne varie pas, reprit le hautbois avec malice.

— Pauvre enfant ! exclama la flûte. Puis, elle ajouta après un silence : Ignorez-vous donc que vous avez varié d'un ton depuis un siècle. Oui, un ton. Et c'est vous qui m'accusez d'être variable quand on vient de décider qu'on s'en rapportera à moi pour rétablir un diapason fixe. Ah ! cela vous étonne? Eh bien, sachez-le, c'est à une de mes sœurs, à une flûte désormais célèbre, c'est à la flûte de Devienne qu'on va demander une règle à laquelle il faudra bien que vous vous soumettiez tous depuis le. . . . .

. . . .

Ici le bruit des clefs de tous les instruments couvrit la voix de la flûte, et quand ils commençaient à s'apaiser le maître de l'établissement venait d'entrer.

IV.

A Dorio ad Phrygium.

Nous comptons au nombre de nos amis un admirateur passionné de l'antiquité, qui nous a fait des remontrances amicales relativement à la pauvre petite raillerie échappée de notre plume à l'endroit des antiquaires.

— Vous cherchez le progrès dans votre art, nous disait cet ami, et pour cela vous remontez à l'antiquité ; rien de mieux. Mais, par ces recherches mêmes, ne montrez-vous pas aussi un sentiment égal à celui que vous raillez ?

— Votre reproche serait fondé, avons-nous répondu, si nous avions formulé un blâme ; or, c'est ce que nous n'avons pas fait. Nous rions de ceux-là qui ne voient le bien que dans le passé ; mais de là à n'apprécier que le présent il y a loin, et nous cherchons à faire la part qui revient à chaque époque.

— Cependant, vous dédaignez la guitare.

— Comme instrument de notre époque, oui, puisqu'il ne répond plus à nos besoins.

— C'est-à-dire que la guitare ne vaut plus rien, qu'il faut l'abandonner.

— Non pas, mon cher antiquaire ; vous exagérez la portée de mes paroles. Loin de moi la pensée de supprimer un instrument auquel nous devons en partie l'orgue et le piano ; mais, il faut bien avouer que les ressources de cet instrument, qui a charmé nos pères, ne nous satisfont plus maintenant, et que la guitare ne nous convient pas plus que la harpe de David.

— Et si je vous prouvais que la harpe de David a servi plus encore que la guitare à la formation du piano. Vous riez ?....

— Oui, vraiment, car je ne connais d'autre rapport entre eux que l'usage qu'on en a fait pour danser.

— Et comment vous figurez-vous David dansant en jouant de la harpe ?

— J'avoue que je ne me le figure pas du tout.

— Eh bien, moi qui suis antiquaire, je vais vous en donner l'explication. Vous avez dit, et avec raison, que la harpe, bien plus que la cythare, était la lyre perfectionnée. En effet, la guitare, avec ses quatre cordes, produisait jusqu'à douze sons avec le secours des doigts de la main gauche, tandis que la lyre n'en produisait qu'un pour chaque corde. Aussi, en arriva-t-on à faire la lyre de onze cordes, qui, au dire de Plutarque, s'appela d'abord *kynnira*, du nom hébraïque *kinnor;* plus tard, à cause de sa forme, les Grecs la nommèrent aussi *trigonon*, tandis que, en commémoration de l'acte solennel où elle avait figuré dans les mains du roi David, les Pères de l'Église la nommèrent *psaltérion*.

— Tout cela ne dit pas comment on pouvait danser en jouant de cet instrument.

— Un peu de patience, et nous y arriverons. Le nom de *trigonon* ne lui fut pas donné seulement à cause de sa forme, mais aussi en raison des trois cordes qui concouraient à former chaque son.

— Mais, alors, c'était le *kânûn* des Arabes ?

— Précisément ; ce kânûn, dont les soixante-quinze cordes, *accordées par trois à l'unisson*, nous ont amené à la formation du piano à trois cordes. Quant au fait de la danse, vous savez que le kânûn n'est pas plus lourd qu'une guitare, et que les cordes, dans leur plus grande longueur, n'excèdent pas 70 ou 80 centimètres. Maintenant, appelez cet instrument kânûn, par corruption de kinnor, comme les Arabes, ou kynnira, comme les Grecs, ou psaltérion, ou encore trigonon, c'est toujours le mêm einstrument, dérivé en ligne directe de la lyre primitive, et dont on a fait, plus tard, le *laud*, qui tenait à la fois de la lyre et de la cythare.

— Oui, le laud, dont on a fait aussi le *luth*, et qui n'est autre chose que l'*éoud*. On s'en servit dans les églises avant la réforme de saint Grégoire, pour chanter les louanges du Seigneur (laudes), et vous me permettrez de croire que laud et luth.....

— Prenez garde, interrompit notre ami, vous allez réveiller la vieille querelle des poètes et des musiciens.

— Comment cela ?

— Les poètes n'ont-ils pas la lyre pour attribut, ne disent-ils pas : *Je chante.....*

— Cela pouvait être vrai autrefois, mais aujourd'hui.....

— Il est vrai qu'aujourd'hui, tout en disant qu'ils chantent, ils ne font que parler.

— Tandis que les chanteurs sont en progrès, ils crient.

— Chut..... Ne comparez pas ainsi hier et aujourd'hui, et surtout défiez-vous de la philologie musicale ; sinon, vous pourriez, entraîné par votre ardeur philologique, dire, avec d'autres, que les *naquaires* sont des timbales, et que leur nom vient du mot arabe *nagr*, mot dont l'existence est au moins douteuse.

— A ceux-là nous répondrions ce que dit M. Fétis au sujet de l'*Histoire de la Musique*, par Stafford :

« M. Stafford a cru ne pouvoir prendre de meilleur guide que les » récits des voyageurs pour la musique orientale ; mais la plupart » de ces voyageurs avaient peu de notions de l'art, et, dans leur » ignorance des termes techniques, ils ont donné des descriptions » inexactes et contradictoires. »

Naqûaires était le nom général des chansons ayant trait aux guerres des croisades. Ce mot passa dans le langage usuel et devint notre *naguères*, qui n'a eu et n'a rien de commun avec les timbales qu'on appelait *Atabal*, du vieux mot arabe. Les *atabal* ont passé aux Espagnols avec la *Gaita* ou *Raita*, dont l'origine est la même. Ajoutons que ce qui peut donner lieu à quelque confusion c'est la similitude du nom d'un instrument avec celui du mode qui lui est propre. Ainsi, chez les Arabes, la *Raïta* n'était employée que pour les chants de guerre, et le mode qui lui est propre est nommé par d'anciens auteurs *Zaika* ou *Saika*. Nous pourrions citer également les modes *Méia*, *Lsain* et quelques autres propres à certains instruments qui portent le même nom.

— Dans tout cela il n'est pas fait mention du *tibia* dont vous avez parlé.

— Non, mais vous savez très-bien que le fait est exact. Les premières flûtes guerrières furent faites d'ossements d'animaux et particulièrement du tibia qui a donné naissance à la forme évasée des pavillons de nos hautbois.

— Vous partagez donc l'opinion de certains antiquaires : *nihil novum.....*

— Dans une certaine mesure seulement.

— Enfin, que prétendez-vous conclure d'une pareille étude ?

— J'en conclus :

1° Que les modifications apportées aux différents instruments ont toujours été le résultat d'un progrès, quelquefois d'une révolution dans l'art musical ;

2° Que l'époque où ces modifications ont été introduites est un jalon précieux pour l'histoire de la musique ;

3° Qu'enfin l'art n'ayant pas dit son dernier mot il est bon de regarder quelquefois en arrière parce que les enseignements du passé nous montrent. . . . .

— Avouez donc que les anciens avaient du bon.

— Eh ! qui le nie ?

— Avouez-le publiquement.

— Rien de plus facile ; notre conversation servira ainsi de conclusion à ce travail.

— Au moins ménagez les transitions.

— Bast ! Puisqu'il vous faut une réparation publique nous la donnerons aussi grande que possible en prenant pour titre justificatif le proverbe latin : *à Dorio ad Phrygium.*

— Vous oubliez ceux qui ne savent pas le latin ?

— Nous leur dirons que cela signifie : de Paris à Madrid — *sans transition.*

CATALOGUE

DES MORCEAUX DE MUSIQUE ARABE

RECUEILLIS ET TRANSCRITS POUR CHANT, PIANO ET ORCHESTRE

PAR

Fco SALVADOR DANIEL.

Chez RICHAULT, éditeur de musique, boulevard Poissonnière, 26 (au premier).

CHANSONS MAURESQUES D'ALGER, transcrites pour chant et piano avec paroles imitées du texte original :

1° MA GAZELLE, — d'après l'air arabe intitulé *Makhlas zeidan*.

2° HEUS ED-DOURO. — Mode *Méia*.

3° CHEBBOU-CHEBBAN. — Mode *Lhsain*.
Ce chant est aussi publié pour chœur d'hommes avec ténor solo, hautbois ou flûte et tambour de basque.

4° YAMINA. — Sur l'air de la *Noûba de l'hsain*.

CHANSONS MAURESQUES DE TUNIS, transcrites pour chant et piano avec paroles françaises d'après le texte original :

1° LE RAMIER. — Mode *Irâck*.

2° SOLEIMA. — Mode *Zeidan*. — Les paroles de ce chant sont imitées de celles de la dernière chanson de Mourakkich (l'ancien), d'après la traduction de M. le docteur Perron. (*Femmes arabes avant et après l'islamisme*)

CHANSONS KABYLES, transcrites pour chant et piano avec paroles françaises, d'après le texte original :

1° ZOHRA. — Mode *Lhsain*.

2° STAMBOUL. — Cette chanson a été composée à l'époque de la guerre de Crimée par *Si Mohammed Saïd ben Ali Cherif*, aga des Illoulen ou Sammer et des Beni Aïdel.

M. Victor Berard, qui a bien voulu y adapter les paroles françaises, a donné la traduction complète de ce chant dans ses *Poèmes Algériens*. (Paris, Dentu, libraire-éditeur.)

3° KLAA BENI ABBÈS. — Ce chant est aussi publié pour chœur d'hommes avec ténor solo, hautbois ou flûte et tambour de basque.

Une autre CHANSON MAURESQUE DE TUNIS, en mode *Asbein*, — mode du diable; — a été publiée pour chant et piano avec des paroles françaises, à Paris, chez Petit aîné, éditeur (Palais-Royal, sous l'estaminet hollandais), et à Madrid, avec des paroles espagnoles, par la senora *Dona Maria del Pilar Sinues de Marco* (chez Salazar, editor, almacenista de S. M., calle de Esparteros, n° 3).

Cette chanson est arrangée aussi en chœur pour voix de soprani, ténors et basse avec piano, violon et tambour de basque.

DU MÊME AUTEUR.

Pour paraître incessamment :

1° Un recueil d'environ QUATRE CENTS CHANSONS mauresques, arabes et kabyles, avec paroles françaises d'après le texte original et un accompagnement de piano imitant le rhythme des instruments à percussion usités chez les Arabes.

2° Une grande fantaisie pour orchestre sur des airs arabes.

3° La même fantaisie arrangée pour piano à 2 et à 4 mains.

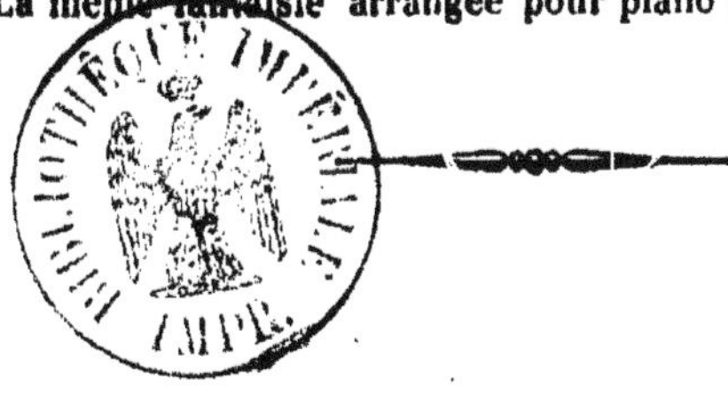

TABLE DES MATIÈRES

Alger. -- Typ. Bastide.

RAPPORT 19

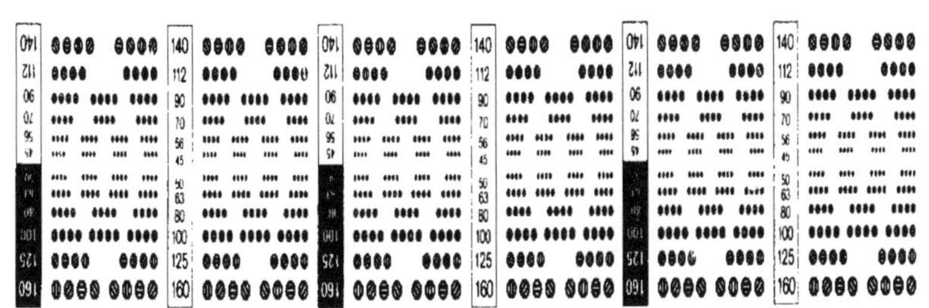

BIBLIOTHEQUE NATIONALE

CHATEAU DE SABLE

1990

www.ingramcontent.com/pod-product-compliance
Ingram Content Group UK Ltd.
Pitfield, Milton Keynes, MK11 3LW, UK
UKHW020344180726
13839UKWH00002B/906